有味清欢

淮安蔬菜生活志

蒋功成——著

中国科学技术出版社

·北京·

图书在版编目（CIP）数据

有味清欢：淮安蔬菜生活志 / 蒋功成著 . —北京：
中国科学技术出版社，2017.3
ISBN 978-7-5046-7270-4

I. ①有… II. ①蒋… III. ①蔬菜—品种—淮安
IV. ① S630.292

中国版本图书馆 CIP 数据核字（2016）第 269290 号

责任编辑	汪晓雅
责任校对	杨京华
责任印制	马宇晨
封面设计	林海波
制　作	中文天地

出　版	中国科学技术出版社
发　行	中国科学技术出版社发行部
地　址	北京市海淀区中关村南大街 16 号
邮　编	100081
发行电话	010-62173865
传　真	010-62173081
网　址	http://www.cspbooks.com.cn

开　本	889mm×1194mm　1/16
字　数	175 千字
印　张	13.25
版　次	2017 年 3 月第 1 版
印　次	2017 年 5 月第 1 次印刷
印　刷	北京九州迅驰传媒文化有限公司
书　号	ISBN 978-7-5046-7270-4/S·626
定　价	68.00 元

前　言

　　淮扬菜作为中国的四大菜系之一，其菜品的种类繁多、加工之精雕细作、形态之精致美观、口味之清新醇和、饮食文化之南北汇通可为奇观。每有客人莅临淮安，请客人吃淮扬菜、喝地产酒，当为接待的必有之意。在餐桌上，笔者常常见到主人耳熟能详地介绍席上的各式菜肴，软兜长鱼、朱桥甲鱼、清蒸白鱼、钦工肉圆、蟹黄汤包、十三香龙虾……除了开洋蒲菜、平桥豆腐等少数几种素菜外，主人熟悉并且自豪地向客人介绍的大多数为荤菜，为肉食。对于烧肉圆之笆菜、塌菜、金针菜，清炒之水芹、蒌蒿、枸杞，作羹之安豆、山药、菊花脑，则很少有人向客人推介。这或许是因为主人并不识得这些蔬菜，或许是以为这些素菜只是配头，既不昂贵，也不重要。

　　但是如果我们注意观察，可以发现，在餐桌上食客们大多数时间筷子夹取的，不是那些鱼肉，而是那些看起来是配角，却点缀得整个餐桌花红叶绿的蔬菜。虽说食不可无肉，可在日常生活中，人们每餐更不可或缺的，却也是这些平凡的蔬菜。每到通货膨胀，肉蛋的价格上涨固然让人担心，但那些蒜头、青葱的价格上扬，却更是让每日买菜做饭的主妇们心疼。所以说，在一个地方的菜篮子经济中，畜禽水产固然重要，蔬菜瓜果却是根本。

　　在淮安漫长的发展历史中，蔬菜一直占据着重要的地位。汉代淮安人枚乘《七发》中开出的第一份淮扬菜菜单，就以"刍牛之腴，菜以笋蒲"居首，蒲菜作为"蔬菜四淮"（淮笋、淮菘、淮杞、淮山药）之一，成为淮扬菜中蔬菜的代表。长时间流传的梁红玉挖"抗金菜"、韩世忠制"大头菜韩罐子"的故事，更是说明了民间对蒲菜、大头菜这"淮安两菜"的认同和肯定。

淮安出产的蔬菜，简称"淮蔬"，有以下几个特点：

第一是品质好。与其他食品不同，蔬菜最重要的品质是新鲜。虽然现在物流非常发达，由山东寿光等著名蔬菜基地出产的蔬菜可朝发而夕至，但是大多数的蔬菜，特别是叶菜类，在淮安主要靠自产自销。而且淮安当地有经验的主妇们，对于当地出产的蔬菜总是情有独钟，在菜场上选购时，喜土不喜洋，山药要买"本山药"，韭菜要选"本韭菜"。究其原因，就是因为本土出产的蔬菜品质好、口味佳。为什么本土的蔬菜品质好、口味佳呢？除了新鲜之外，①是因为淮安独特的以沙土为主的土壤好，②是因为地产当季蔬菜露天栽培较多，③是当地在蔬菜栽培中长期形成的以有机肥为主的种植传统，蔬菜生产过程中化肥农药使用规范，市民放心食用。

第二是种类多。淮安地处我国南北分界线，气候温和，全国各地的大多数的蔬菜品种在淮安都可以种植。淮安地区种植的蔬菜，有许多本土特有的优良农家品种，如笆菜、淮安水芹、紫芽青萝卜、小狮子头黄芽菜、淮安大头菜、涟水早毛豆、淮阴山药、清江紫叶雪里蕻、淮安大蚕豆、黄花菜、淮阴早丝瓜等，其中有多个品种被中国蔬菜品种志收录。淮安当地种植的淮蔬中，也有许多是从外地引进的品种，得益于淮安独特的风土条件，而体现出优良的品质，部分还成为规模比较大、在国内具有一定影响力的蔬菜产业，如丁集黄瓜、淮安红椒、苏椒、朝天椒等。还有众多在河滩、荒地、沟渠、林下生长的野生蔬菜，如蒲菜、蒌蒿、枸杞、菊花脑、马兰头、野芹菜、荬儿菜、地皮菜等，在春天被勤劳的农民采集销售到市场。

第三是底蕴深。很多淮安蔬菜品种，都有深厚的文化底蕴。国内科学文化学者田松博士，在聊天的时候说过他的一个观点，就是人们喜欢吃什么东西，不是在于它的营养，而是在于它的文化，或者说认同它所代表的文化。淮扬菜受到人们的喜爱，就是淮扬菜所代表的文化能够被充分认同。淮扬菜文化的特征是什么？不同的人有不同的看法，有一种说法笔者比较赞同，就是"薄淡、味美、得体"，除此之外，笔者认为还可以加上"健康"两个字。当然，"薄淡、味美、得体、健康"的淮扬菜不是指高级宴席上的淮扬菜，而是淮安人每家每户饭桌上的日常可口菜肴。这种菜肴的代表食料，既可以是青虾、小龙虾、季花鱼（鳜鱼），更可以是蒲菜、水芹、茭儿菜（菰的嫩茎芽）。淮安的许多传统蔬菜，既出现在汉代淮阴人枚乘在《七发》所开的菜谱中，"刍牛之腴，菜以笋蒲。肥狗之和，冒以山肤。楚苗之食，安胡之饭，抟之不解，一啜而散"。也出现在宋代淮安人张耒的《秋蔬》诗篇中："荒园秋露瘦韭叶，色茂春菘甘胜蕨。人言佛见为下箸，芼炙烹羹更滋滑。其余琐屑皆可口，芜菁脆肥姜葅辣。藏鞭雏笋纤玉露，映叶乳笳浓黛抹。已残枸杞只留杮，晚种莴苣初生甲。"

至于明代的淮安人吴承恩，则在《西游记》里描述不下于 60 种的蔬菜品类，其中大多数为淮安当地当时栽培的蔬菜，与明《正德淮安府志》《天启淮安府志》中记述的蔬菜品种相对应，其中还有志书上未记载到的许多种野菜。这些蔬菜，在《西游记》中，既出现在吴承恩笔下的天厨御宴上，也出现在财主员外的待客素席中，还有乡野樵夫的饭桌上。第十回渔樵对话中的那一首《鹧鸪天》正写出了淮扬菜中洪泽渔馆的特色："仙乡云水足生涯，摆橹横舟便是家。活剖鲜鳞烹绿鳖，旋蒸紫蟹煮红虾。青芦笋，水荇芽，菱角鸡头更可夸。娇藕老莲芹叶嫩，慈菇茭白乌英花。"

淮安蔬菜虽然具有悠久的发展历史与深厚的文化底蕴，地方也将淮阴等地区的蔬菜产业作为重要的区域特色产业来进行规划和支持。但是我们通过调查也发现，淮安整体的蔬菜产业还体现出产业大而不强、品种多而不优，原有的特色蔬菜资源开发还远远不足等状况。产业大而不强最典型体现在当地蔬菜市场上，作为江苏重要蔬菜产区的淮安，市场上长期大量销售的蔬菜却以外地，特别是山东生产的蔬菜为主，得到市民充分认可的本地产蔬菜供应体现出两个特点，一是淡期供应远远不足，二是集中上市菜贱伤农。

品种多而不优。淮安种植的蔬菜品种非常多，但是具有竞争力，在国内、国际上有影响的品种却相对较少，除了淮安红椒、丁集黄瓜、淮安蒲菜等有限的几个品种在市场上体现出一定的优势之外，其他的多数默默无名，近年来虽然申请批复了不少国家地理标志商标产品，但开发利用得还很不足。笔者到军营路销售蔬菜种子的公司去调查，发现除了紫芽青萝卜、小狮子头黄芽菜、笆菜等有限的几种地方特产蔬菜外，市场上供应的蔬菜种子大部分或者说几乎全部是外地种子公司生产的。淮安当地蔬菜企业、蔬菜专业合作社虽然很多，但从事蔬菜种子开发、繁育和生产的企业却很少。没有一定规模的种业支撑，地产的蔬菜要想在品质上大幅度、大面积提高，仅依靠当地农科院和农委等单位有限的几个蔬菜研究机构是远远不够的。

此外，淮安的许多地产蔬菜资源开发利用及宣传推广得也还很不足。淮扬菜虽天下知名，但以往对于食材的推介重点在于打造小龙虾、洪泽湖大闸蟹、青虾、白鱼、新淮猪、乳鸽等动物产品上，对于特色蔬菜资源，除了蒲菜、红椒等有限的几种之外，得到大面积开发和有效推介的产品非常少。不要说外地客人，本地还有许多人连笆菜、塌菜都分不清，对于蒲菜、大头菜这著名的"两菜"属于什么物种也不知道。在本次"淮安市名特优蔬果产品综合利用协同创新工程"项目实施之前，对于淮安市蔬菜品种资源的全面调查也基本没有，也找不到一本地方蔬菜品种志或与之相类似的书籍。

正是认识到这些方面的问题，淮安市科技局在 2013 年设立的"产学研协同创新开发应用项目"中组织淮安市农科院、淮阴师范学院、淮安市农委等单位实施了"淮安市名特优蔬果产品综合利用协同创新工程"，作为淮阴师范学院生命科学学院的一名教师，笔者非常有幸地承担了该工程子项目"淮安特色蔬菜种质资源调查"（HC201316-3）的工作。在项目实施过程中，笔者的调查足迹遍及淮安市各个县区，深入乡村、走进市场、叩门入户，在菜圃、田头、荒野、河湖等处进行蔬菜的采集、拍摄、鉴定工作，累计拍摄蔬菜照片 3000 余幅，鉴定蔬菜植物 25 科、55 属、75 种。为了研究一些蔬菜的分类与定名问题，笔者购置了《中国蔬菜作物图鉴》《中国水生植物》《中国作物及其野生近缘植物·蔬菜作物卷》《天启淮安府志》《乾隆淮安府志》等多种专业书籍，学习和研究淮安各类蔬菜品种的起源、流传、演化及分类、定名等问题，对于一些疑难的问题，还向蔬菜学、食品学、分类学等方面的专家，以及乡野老农请教。在这方面，笔者正在承担的国家重大社科基金项目"中外科学文化交流历史文献整理与研究"（10&ZD063）子项目"近现代中外生化医学交流文献整理及比较研究"，对于蔬菜品种的调查和研究也提供了重要的支持，笔者在开展该项目的过程中获得了许多重要的文献信息。

在系统完成淮安特色蔬菜种质资源调查的基础上，笔者将所调查的成果汇集成书。将收集整理的淮安特色蔬菜品种按白菜类、叶菜类、根菜类、葱蒜类、瓜类、茄果类、水生蔬菜类、豆类、薯蓣类、芥菜类、野菜类、其他蔬菜等 12 类蔬菜列入，共涉及蔬菜物种及品种近 80 种，对每一种蔬菜从命名、生物分类地位、起源、分布、形态特征、食用及经济价值、乡土文化内涵等方面进行了较为详实的考订，每个蔬菜品种配以 1~2 幅作者亲自拍摄的照片。

由于本人水平有限，在写作中必然有许多的错漏之处，还请方家在审阅此书时提出宝贵的修改意见。

谢谢！

目 录

第一章
水生蔬菜

1. 淮安蒲菜（水烛）

淮安蒲菜，学名水烛，为香蒲科（Typhaceae）香蒲属（*Typha* L.）水烛种（*Typha angustifolia* L.）。水烛又有狭叶香蒲、水蜡烛、蒲草等名，淮安人称之为"淮笋""蒲笋"，可食部分为其假茎（叶鞘相互抱合心叶而成）和根部的短缩茎。

如果要选几种蔬菜作为淮安特色品种，蒲菜无疑可据首位。淮安人食用蒲菜的历史最早可溯及西汉，当时有一位著名的辞赋家枚乘（原为吴王刘濞郎中，后汉景帝下召升其为弘农都尉）。他所作的著名辞赋《七发》中假设楚太子有病，吴客前去探望，通过互相问答，构成七大段文字。对话中描述"天下之至美"的美食，以"刍牛之腴，菜以笋蒲"为首。此蒲即为蒲菜，而枚乘恰是出生于淮阴（今淮安市淮阴区），赋闲后也隐居于此，汉武帝即位后，以"安车蒲轮"征召年老的枚乘入朝，可惜死于半途。宋时，"苏门四学士"之一的淮安人张耒在《暮春赠陈器之》诗中有写到："溪边蒲笋供朝饭，堂上图书伴昼眠。"蒲菜不仅可入高雅的宴席，也是百姓的家常菜，传说梁红玉在淮安抗金时指导军民采食蒲菜。明代正德年间，曾著《淮安府志》的顾达在陕西为官，病中思乡时作

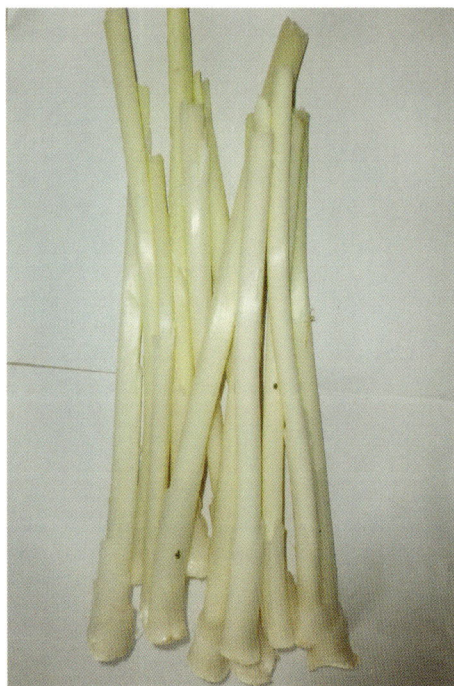

一箸脆思蒲菜嫩

诗云："一箸脆思蒲菜嫩，满盘鲜忆鲤鱼香。"明代出生于淮安的吴承恩写《西游记》，在八十六回写了淮安的一大堆野菜，包括"油炒乌英花，菱科甚可夸，蒲根菜并茭儿菜，四般近水实清华"。清代淮安学人段朝端作《春蔬》七首，第一首诗就称"春蔬哪及吾郡好，入馔蒲芽不论斤。"[1]

近年来，淮安蒲菜产业也得到了快速的发展，2014 年，淮安蒲菜被农业部认证为农产品地理标志产品，其烹饪技艺为非物质文化遗产。特别是在淮安区，建立起东起流均镇，北至淮城镇，西至南闸，南至林集，保护面积 4000km^2，种植面积 333.33km^2，年产量 7500 吨的主产区域[2]。

淮安人虽然把蒲菜作为其特色蔬菜品种，但当地人鲜有知道他们所食的蒲菜具体是什么物种。专业的文献中有的只是称蒲菜，有的称其是香蒲科、香蒲属的香蒲[3]，有的称其是香蒲科、香蒲属的水烛[4]。香蒲属的植物全世界有 16 种，我国有香蒲、宽叶香蒲、普香蒲、无苞香蒲、达香蒲、水烛、长苞香蒲、球序香蒲、短序香蒲、小香蒲等 11 种[5]，蒲菜到底是哪一种呢？

1989 年，武汉市蔬菜科学研究所从全国征集了 40 余份蒲菜资源，保存在国家种质武汉水生蔬菜资源圃内，著名水生蔬菜专家柯卫东、孔庆东等经过对其中的 34 份蒲菜资源进行较为系统的观察研究后，认为这些蒲菜分属两个种，一为宽叶香蒲，一为水烛。以食用根状茎为目的的云南建水草芽为宽叶香蒲（*Typha latifolia* L.），以食用假茎为目的的江苏淮安蒲菜、山东大明湖蒲菜、河南淮阳蒲菜均为水烛（*Typha angustifolia* L.）[6]。

当时从江苏征集的蒲菜共有 5 份，包括采自当时淮安县的 3 份（淮安蒲—1. 淮安蒲—2. 淮安蒲儿菜）和采自原淮阴市的 1 份（淮阴东郊），以及采自新沂的 1 份（新沂青蒲），经鉴定，这几份蒲菜皆属水烛[7]。

---

1. 毛鼎来. 淮安天妃宫蒲菜、花蕊藕. 江苏政协，2000（10）：39.

2. 柳凯，等. 江苏淮安蒲菜种群特征及优质生产技术要点. 江苏农业科学，2015. 43（10）：227.

3. 江苏省农林厅编. 江苏特色农业. 北京：中国农业出版社，2005. 108.

4. 柯卫东，刘义满，黄新芳主编. 水生蔬菜安全生产技术指南. 北京：中国农业出版社，2012. 151.

5. 中国科学院中国植物志编辑委员会. 中国植物志. 第 8 卷. 1992. 2–3.

6. 柯卫东主编. 水生蔬菜研究. 武汉：湖北科学技术出版社，2009. 282–283.

7. 江用文主编. 国家作物种质资源圃保存资源名录. 北京：中国农业科学技术出版社，2005. 406.

笔者在 2014 年和 2015 年对淮安市几个县区的野生蒲菜资源进行了考察，同样认定，市内可以采食的蒲菜均属香蒲科香蒲属水烛种。相比较而言，淮安区月湖内生长的水烛（被称为是最正宗的蒲菜）其植株最为高大（2～3m），其地下茎也特别发达，未知是品种的原因还是水土营养的原因。

水烛为多年生沼生草本，高 1.5～3m。叶狭条形，宽 0.4～0.9cm。雌雄花序不连接，相距 2.5～6.9cm，雄花序在上，长 15～30cm，雄花有雄蕊 2～4 枚，毛较花药长，花

"溪边蒲笋供朝饭，堂上图书伴昼眠"——淮安区图书馆后天妃宫生长的水烛

粉粒单生。雌花序在下，长 15～30cm，雌花的小苞片比柱头短，白色丝状毛与小苞片近等长而比柱头短。分布于东北、华北、华东、河南、湖北、四川、云南、陕西、甘肃、青海等地，欧洲，北美，大洋洲及亚洲北部也有分布[1]。

淮安各县区水体均有水烛分布，大多数为野生，在洪泽湖，由水烛＋芦苇—槐叶苹组成的植物群丛面积约 15km²，呈条状分布于临淮头西北的孟沟头至朱台子滩地一带。每年在淮安，水烛得到采食为蒲菜的只占野生种群的很小部分。

水烛经济价值较高，花粉即蒲黄入药，有止血消肿之效。叶片用于编织、造纸等，其假茎和短缩茎可作蔬食，即"蒲菜"。蒲菜具有丰富的营养价值和药用价值。《本草纲目》称其"甘、平、无毒"，主治"五脏心下邪气，口中烂臭，坚齿明目聪耳，久服轻身耐老"。现代营养学分析，则发现它含丰富的蛋白质、维生素 C 以及钙、磷、铁等微量元素。雌花序可作枕芯和坐垫的填充物，是重要的水生经济植物之一。另外，本种叶片挺拔，花序粗壮，亦用于花卉观赏。

许多淮安人一直以为只有淮安的蒲菜才可吃、好吃，其实不然。山东济南的大明湖蒲菜、河南南阳的蒲菜，还有云南建水的草芽也同样有名。济南蒲菜、淮阳蒲菜、淮安蒲菜（淮安蒲）、建水草芽这 4 个蒲菜品种在中国农业科学院蔬菜花卉研究所 2001 年编撰的《中国蔬菜品种志》中均有收录和记述。

现代著名作家郁达夫、老舍都有称赞大明湖蒲菜的文字[2]，梁实秋在青岛也吃过很可口的蒲菜。从《诗经·大雅·韩奕》中就有"其蔌维何？维笋及蒲"这样的说法看，中国古人食用蒲菜的历史不仅早，而且范围也比一般人所认为的那样要广，据考证，《韩奕》中所描写的地点当是在陕西杜陵一带[3]。

《周礼·醢人》记载了芹菹、兔醢、深蒲等酱制食物种类，其中的"深蒲"，即为蒲菜，

---

1. 陈耀东，马欣堂等编著. 中国水生植物. 郑州：河南科学技术出版社，2012. 175.

2. 张稚庐. 蒲菜. 昔日珍蔬扬明湖. 走向世界. 2012（24）：34.

3. 金启华. 诗经全译. 南京：江苏古籍出版社，1984. 768.

后人注释为："蒲蓊入水深，故曰深蒲"[1]。

蒲菜既有食用功能，又有药用功能，因此唐代、宋代和明清的本草学著作中都论及其食用价值。如唐苏恭编撰的《新修本草》称"香蒲，即甘蒲，可作荐者，春初生，用白为菹，亦堪蒸食"。宋苏颂编撰的《本草图经》称"香蒲，蒲黄苗也，处处有之，而泰州者为良。春初生嫩叶，未出水时红白色，茸茸然。取其中心入地白蒻，大如匕柄者，生啖之，甘脆。又以醋浸，如食笋，大美"。明李时珍编撰的《本草纲目》称："蒲，丛生水际，似莞而褊，有脊而柔。二、三月苗，采其嫩根，瀹过作鲊，一宿可食。亦可炸食、蒸食，及晒干磨粉作饼食。《诗》云，其蔌伊何，唯笋及蒲，是矣。"[2]

宋代人们食用蒲菜应该是很普遍的，北宋著名词人周邦彦所作词《齐天乐·端午》中有"角黍包金，香蒲切玉，风物依然荆楚"，"角黍"是端午必食的粽子，"香蒲"是甘润洁白的蒲菜。

清代《（雍正）陕西通志》[3]《（光绪）吉林通志》[4]《（光绪）重修安徽通志》[5]等地方志书都把蒲菜或蒲蒻作为地方可食之物加以介绍，由此可知，食用蒲菜并不仅限于淮安、淮阳、建水和济南等地区。

作为一种野菜，蒲菜在救荒中也起了很大的作用，这在明徐光启的《农政全书》和姚可成的《救荒野谱》都有记载。《救荒野谱》对书中收录的野菜都赋诗一首，其中《香蒲》这首道尽了灾荒岁月人们采食蒲菜的艰辛困苦："青青水中蒲，幼女携筐筥，就水采蒲根，意况殊凄楚，采摘不盈筐，未可供朝糈。"[6]有学者曾注意到此书小引落款为"崇祯壬午清明日"，壬午为崇祯十五年，乃明亡前两年，那时候天下大乱，百姓有蒲根吃就很不错了，对其产地及滋味恐怕并不重视。

古代文献中所言的"香蒲"是指大多数的香蒲属植物。现代生物学上严格上所称的香蒲应指香蒲属香蒲种（Typha orientalis C.Presl），并不是蒲菜的主要来源种。所以在淮

1.［清］嵇璜. 续通志. 卷一百七十四昆虫草木略. 清文渊阁四库全书本. 2127.

2.［明］李时珍. 本草纲目. 刘衡如，刘山永校注. 北京：华夏出版社，2002. 925.

3.［清］沈青峰. 雍正陕西通志. 卷四十四. 清文渊阁四库全书. 2069.

4.［清］李桂林. 光绪吉林通志. 卷三十三食货志六. 清文渊阁四库全书. 2127.

5.［清］何绍基《（光绪）重修安徽通志》卷八十五. 清光绪四年刻本.

6.［明］姚可成. 救荒野谱. 清借月山房丛钞本. 9.

安如果被问及蒲菜是什么植物，最准确的说法应是香蒲科香蒲属的水烛（或称狭叶香蒲，*Typha angustifolia* L.）。

目前，淮安市场上销售的蒲菜主要还是采自野生的水烛，在淮安区比较早地开始了蒲菜的人工栽培，但推广面积不大，淮安康得乐食品有限公司在 2005 年开始了从勺湖蒲菜中选育优良的植株进行提纯复壮，在 2009 年育成蒲菜新品种——淮蒲一号。此品种与野生品种相比较，产量可提高 30% 以上 [1]。

2. 荷藕

荷藕为莲科（Nelumbonaceae）莲属（Nelumbo Adans）植物中国莲（Nelumbo nucifera Gaertn）的根状茎，其花称莲花、荷花、芙蕖、芙蓉、菡萏等。

莲属植物在世界上共有 2 种，即中国莲和美国黄莲。中国为中国莲的世界分布中心，距今 7000 多年前的"河姆渡"遗址就出土有莲的花粉化石 [2]。

莲为多年生水生草本，根状茎横生，肥厚，节间膨大，内有多数纵行通气孔道，叶圆形，盾状，上面光滑，具白粉，叶柄粗壮，圆柱形，长 1～2m，花直径 10～20cm，美丽，芳香；花瓣红色、粉红色或白色（产藕的莲花多为白色，地方百姓有"红花莲子白花藕的说法"），种子（莲子）卵形或椭圆形，种皮红色或白色。花期 6～8 月，果期 8～10 月。我国南北

1.孙玉东，徐冉，朱国红. 蒲菜新品种淮蒲一号. 中国蔬菜，2011（15）：36-37.

2.王其超，张行言编著. 中国荷花品种图志. 北京：中国林业出版社，005. 3-4.

自古涟漪佳绝地，绕郭荷花，欲把吴兴比——苏轼

各省均有分布，自生或栽培在湖泊、池塘或水田内。

荷藕作蔬菜或提制淀粉（藕粉），种子供食用。荷的叶、叶柄、花托、花、雄蕊、果实、种子及根状茎均可药用，莲子为营养品，叶（荷叶）及叶柄（荷梗）煎水喝可清暑热，藕节、荷叶、荷梗、莲房、雄蕊及莲子都富有鞣质，作收敛止血药。

清赵宏恩所编的《（乾隆）江南通志》卷八十六"食货志"介绍当时淮安府的物产，称"菱、藕、芡实，淮上为多"[1]。确然，由于当地河湖众多，荷藕在淮安市既有广泛的野生类群分布，

1. ［清］赵宏恩. 江南通志. 卷八十六. 食货志. 清文渊阁四库全书本，1646.

栽培亦很普遍。野生分布的荷藕以洪泽湖、白马湖最多，洪泽湖野生的荷藕单独或与菰、芦苇等水生植物组成的群丛在沿岸广泛分布，夏天常可见到大片绵延的荷藕，十分壮观。

荷藕在淮安地区栽培十分普遍。金湖县的荷花荡总面积 1.2 万亩，建有全球最大、品种最全的观荷园。洪泽湖西侧的泗洪国家级生态保护区内也建有著名的千荷园。园内共有 1008 个荷花品种，共有荷花 10 万株。另外，淮安许多地方把荷藕作为其特色产业加以发展，大面积种植荷藕，涟水荷藕与金湖荷藕均为地理标志产品。

涟水荷藕在宋代就有种植，苏东坡游经此地时曾有词赞："自古涟漪佳绝地，绕郭荷花，欲把吴兴比"。涟水荷藕以浅水藕为主，浅水藕一般多属早熟品种，适于沤田浅塘或稻田栽培，水位多在 60cm 以下，最深不超过 1m。据吴洪颜等结合气象及地理条件的分析，认为涟水境内地势平坦，河流纵横，土地肥沃，多为沙壤土质，土壤中含钙、铁、钾等微量元素较多，适宜浅水藕生长，其最佳种植区在涟水东部及北部地区，包括高沟、义兴、黄营、唐集等镇[1]。涟水荷藕地下茎粗壮、肉质细嫩、鲜脆甘甜、洁白无瑕，品味、营养、药效俱佳。成藕一般为 4～5 节，长为 60～90cm，每节长 15～30cm，头尾两节较小、较细，中间节粗大、细白，食用最佳。2008 年，涟水县浅水蒲种植面积已达 4000hm^2。涟城镇浅水藕种植区被评为省级科普示范基地，通过省无公害农产品基地和产地认证，"荷缘"牌浅水藕获淮安市名牌产品称号。

金湖所栽培的荷藕以深水藕为主。深水藕一般多为中、晚熟品种，水位宜 40～100cm，夏季深水达 120～150cm 也可栽种。深水藕入土深，宜土层较厚、深水的湖荡种植。金湖全县种植荷藕近 12 万亩，故有荷藕之乡的美誉。金湖夏天荷花开花时所采的"花香藕"最是美味，当地民间谚语说世上有四大鲜，即头茬韭，花香藕，新娶的媳妇，黄瓜纽[2]。金湖荷花荡既是绿色食品生产基地，也是著名的荷花观赏胜地，每年举办的荷花

1.吴洪颜，乔晓波，许波. 江苏涟水地区浅水藕种植气候区划研究. 江苏农业科学，2012，40（8）：145.

2.韩开春. 水边记忆. 重庆：重庆大学出版社，2010.12.

节吸引了众多海内外游客。金湖还有一些乡镇种植以产莲子为主的籽莲，如戴楼镇的青荷农副产品专业合作社种植的莲子远销上海、南京，所注册的"荷盛"牌商标 2015 年被认定为江苏省著名商标。

3. 淮安水芹

淮安水芹为伞形科（Umbelli- ferae）水芹属（*Oenanthe*）水芹种（*Oenanthe javanica* (BL.) DC.）的淮安地方种。中国农业科学院蔬菜花卉研究所主编的《中国蔬菜品种志》单独列"淮安水芹"条给予介绍。水芹古称楚葵，水英。《诗经·鲁颂·泮水》有"思乐泮水，薄采其芹"，《诗经·小雅·鹿鸣》有"鹿鸣呦呦，食野之岑"，杜甫有诗"鲜鲫银丝脍，香芹碧涧羹"，诗中所言的"芹""岑""香芹"，后人以为都是水芹[1]。中国古代有"芹献"和"采芹"的典故，"芹献"是以芹作为献礼以表亲近的情意，"采芹"则指考中的秀才能够入泮读书。

水芹在我国各地都有分布，多生于浅水低洼地方或池沼、水沟旁，农舍附近常见栽培。水芹也是江苏省的高产蔬菜，在元旦至春节上市，可补冬季蔬菜淡季不足的问题。以叶型分，水芹有圆叶和尖叶两种，苏南两种皆有，以圆叶为主，苏北多为尖叶种[2]。尖叶种株型高，适合地势低，灌水深的地方栽培[3]。近年来，淮安区水产技术推广站尝试将水芹、克氏原螯

---

1. ［唐］杜甫. 杜诗详注. 卷二. 清文渊阁四库全书本. 95.

2. 据叶元英等的最新研究，以为圆叶类多为水芹（*Oenanthe javanica*(BL.)DC），尖叶类多为中华水芹（*Oenanthe sinensis* Dunn）。叶元英，等. 水芹种质资源的综合评价. 见柯卫东主编. 水生蔬菜研究. 武汉：湖北科学技术出版社，2009. 275.

3. 《中国蔬菜》编辑部编. 蔬菜优良品种及栽培技术. 北京：北京科学技术出版社，1988. 223.

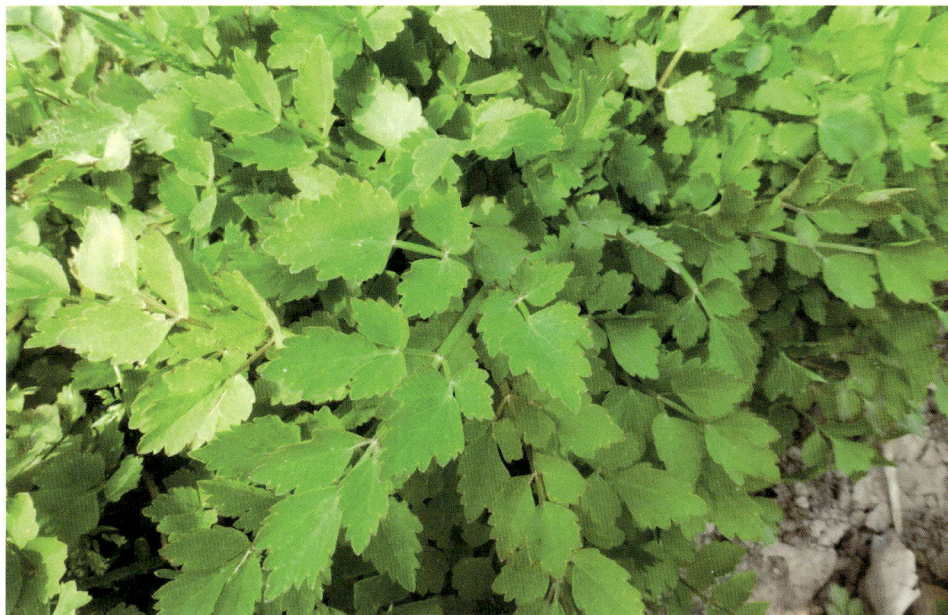

虾和一些肥水鱼类轮作混养，取得了不错的效果[1]。

淮安水芹植株半直立，株高15～80cm，茎直立或基部匍匐。主茎横径1.5cm，绿色，近节外白色，分枝10个，茎中空，横剖面近圆形，二回羽状复叶，小叶尖形，边缘有牙齿或圆齿状锯齿。叶柄长8～9cm，花序梗长12cm。复伞形花序顶生，花瓣白色[2]。花期6～7月，果期8～9月。

淮安地产的水芹有栽培的"水芹"和野生的"野芹"两种，栽培的水芹为普通水芹（*Oenanthe javanica*（BL.）DC），茎干青白色，细长而柔软，与香干或百叶炒食最佳，它的主要食用季节在冬季，在秋春季节，由于担心茎叶上会粘有蚂蟥卵，故很少食用。野生的"野

1.卢丽群. 水芹和克氏原螯虾、鱼类轮作混养技术初探. 科学养鱼，2010（3）：25.

2.中国农业科学院蔬菜花卉研究所主编. 中国蔬菜品种志（下）. 中国农业科技出版社，2001. 1255.

"思乐泮水，薄采其芹"

芹"为水芹种另一种植物中华水芹（*Oenanthe sinensis* Dunn），茎干直立，主要在春季被农民作为野菜采集上市。古人注意到"芹有两种：荻芹，取根，白色；赤芹，取茎叶，并堪作菹及生菜是也"[1]。笔者以为，所谓取根食用的荻芹或许是栽培的普通水芹种，所谓的"根"其实是水芹的根状茎，而取茎叶食用的"赤芹"，则是野生的中华水芹种。这种猜测是否准确，当进一步研究核实。

1989 年，武汉市蔬菜科学研究所从全国征集了多份水芹资源，保存在国家种质武汉水生蔬菜资源圃内，从淮安采集的水芹共有 5 份，其中种质名称标注为"淮安城东水芹""淮

---

1. ［晋］郭璞. 尔雅疏. 卷八. 清嘉庆二十年南昌府学重刊宋本十三经注疏本. 157.

安城西水芹"[1]"洪泽水芹"的三份经鉴定为普通水芹（*Oenanthe javanica*（BL.）DC），另两份标注为"淮安水芹""洪泽水芹 -2"的经鉴定则为中华水芹（*Oenanthe sinensis* Dunn）[2]。

在国内，江苏丹阳市里庄镇黄巷村所产的黄巷水芹（又名乾隆水芹）、安徽桐城所产的桐城水芹也很有名，这两种水芹为白水芹，主要依靠栽培时在水下深植，或在旱作时培土软化栽培而使水芹茎干变白而获得。清·张雄曦有《食芹》诗："种芹术艺近如何，闻说司官别议科。深瘗白根为世贵，不教头地出清波。"此处之芹，即为水芹，此诗还写出了白芹软化的栽培方式。

水芹全草民间也作药用，有降低血压的功效。

4. 菱（洪泽弓菱、金湖大红菱）

菱为菱科（Trapaceae）菱属（*Trapa* L.）植物的统称。菱起源于欧洲和亚洲的温暖地区，中国是菱的原产地之一。菱现分布于欧亚及非洲热带、亚热带和温带地区，全球约 30 种，我国有 11 种[3]，产于全国各地。笔者调查到菱在淮安主要分布的有名品种，有洪泽弓菱、金湖大红菱（金湖扒菱）和四角刻叶菱等。

洪泽弓菱（*Trapa.paeudoincisa* Nakai）得《国家种质资源圃保存资源名录》及《中国

---

1. 此处的"淮安"当指的是当时的淮安县，即现在的淮安市淮安区。
2. 江用文主编. 国家作物种质资源圃保存资源名录. 北京：中国农业科学技术出版社，2005. 404.
3. 对于菱属植物的分类，学界的意见很不一致，特别是对于种的界限问题，有将 13 个种合并为一大种的，也有的细分为 30 余种的。一般方便从园艺学的分类，将其分为双角、四角和无角三类。

菱芋藩篱下，渔樵耳目前

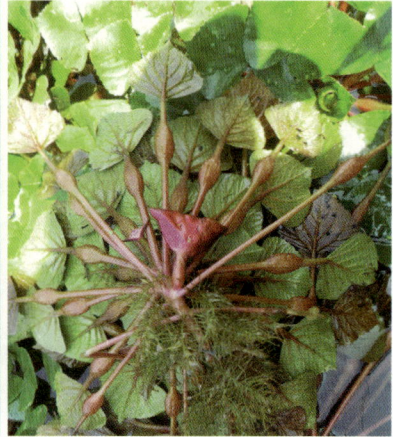

金湖大红菱

蔬菜品种志》收集作为菱的地方品种，分布于江苏洪泽县，为一种野生的菱角。菱盘[1]开展度27cm左右，叶片近三角形，叶表绿带紫褐色斑，中柄黄绿色，花白色，果两角，平伸，尖端锐尖，腰角处两侧各有一个瘤状突起，果皮浅绿色[2]。

金湖大红菱（金湖扒菱）为乌菱（*Trapa bicornis* Osbeck）的一个金湖地方栽培品种。色泽红润，形若出水芙蓉，故名芙蓉菱角。乌菱又称红菱、老菱（两角且弯曲者又称风菱），一年生，茎粗壮，沉水叶羽状分裂，浮水叶阔卵形或宽菱形，叶柄粗壮，中部具膨大的海绵色气囊，花白色，坚果呈元宝状倒三角形，后期紫红色或黑紫色，花果期7～10月[3]。金湖大红菱生吃脆嫩，熟食甘甜，具有成熟早，上市早等特点，备受城乡居民的欢迎。

四角刻叶菱为野菱的一个变种（*Trapa incisa* Sieb. et Zucc.Var.*quadricaudata* Gluck）。为一年生浮水水生草本。根二型，着泥根细铁丝状，着生水底泥中；同化根羽状细裂，裂片丝状、淡绿褐色或深绿褐色。叶二型，浮水叶互生，聚生在主茎和分枝茎顶，在

1.菱的叶子独特，长着长梗的菱叶螺旋排列在缩短的菱茎上，菱的叶梗从内到外逐渐变长，相互镶嵌排列成菱盘，可以使叶片更好地接受光照。

2.中国农业科学院蔬菜花卉研究所主编. 中国蔬菜品种志（下）. 北京：中国农业科技出版社，2001.1222.

3.陈耀东，等编著. 中国水生植物. 郑州：河南科学技术出版社，2012.104.

水面形成莲座状菱盘，叶片较小，斜方形或三角状菱形，表面深亮绿色，背面绿色，花小，单生于叶腋，花梗细，无毛，果三角形，果高 1.5cm，果表面凹凸不平，4 刺角细长，2 肩角刺斜上举，2 腰角斜下伸，细锥状，花期 5～10 月，果期 7～11 月。

菱在野外分布甚广，中国古代很早就将野生菱角作为一种果腹的食物，7000 年前的河姆渡文化和 6000 年前马家浜文化遗址中就出土了成堆的菱角。浙江宁海县的地层中曾挖掘到 2 万～3 万年前的炭化四角菱。屈原《离骚》中有"制芰荷以为衣兮，集芙蓉以为裳"的诗句，此处的"芰荷"为菱叶，菱有二角、四角，明代文震亨著的《图版长物志》称，二角为菱，四角为芰[1]。菱在古代淮安早就分布，唐代诗人高适当年在途经淮安涟水时，题诗《涟上题樊氏水亭》中就写到这种植物："四时常晏如，百口无饥年。菱芋藩篱下，渔樵耳目前"[2]。清许凌云《泗水患》诗也写到菱角和芡实在洪泽湖地区救荒中的重要性："夹岸芦丁花是壁，依河舫小水为田。劝君莫把清贫厌，菱角鸡首也度年"[3]。

菱角具有一定的药用价值，李时珍《本草纲目》称其可"解伤害积热，止消渴，解酒毒"。菱角富含淀粉，也是一种不错的食物。李时珍称其"嫩时剥食，老则曝干剁米，为饭、为粥、为糕、为果，皆可代粮。其茎亦可暴收，和米做饭，以度荒歉，盖泽农有利之物也"[4]。其实菱不仅果实可作食物，其"茎之嫩者，亦可为菜茹"[5]。菱的嫩茎叶，人们称之为"菱科"，明代散曲家、与淮安近邻的高邮人王磐所著《野菜谱》中收录有当时人们采摘菱科的小曲："采菱科，采菱科，小舟日日临清波，菱科采得余几何？竟无人唱采菱歌。风流无复越溪女，但采菱科救饥馁。"[6]

吴承恩在《西游记》中列出的野菜单 "油炒乌英花，菱科甚可夸"中亦有"菱科"这样的水生野蔬。就是在现代，洪泽湖上的船民也还喜欢采摘菱的嫩芽食用。笔者在洪泽老子山边的船餐中吃过用菱叶嫩芽晒干后做的包子，清香爽口，实是难得的野味佳品。

1.［明］文震亨著. 图版长物志. 汪有源，胡天寿译. 重庆：重庆出版社，2008. 419.

2.［清］卫哲治，阮学浩修，叶长杨，顾栋高纂，荀德麟点校. 乾隆淮安府志. 北京：方志出版社，2008. 1453.

3. 高岱明. 淮安饮食文化. 北京：中共党史出版社，2002. 24.

4.［明］李时珍. 本草纲目. 刘衡如，刘山永校注. 北京：华夏出版社，2002. 1276-1277.

5.［明］徐光启. 农政全书. 陈焕良，罗文华校注. 长沙：岳麓书社，2002. 418.

6. 阿蒙. 时蔬小话. 北京：商务印书馆，2014. 298.

5. 芡

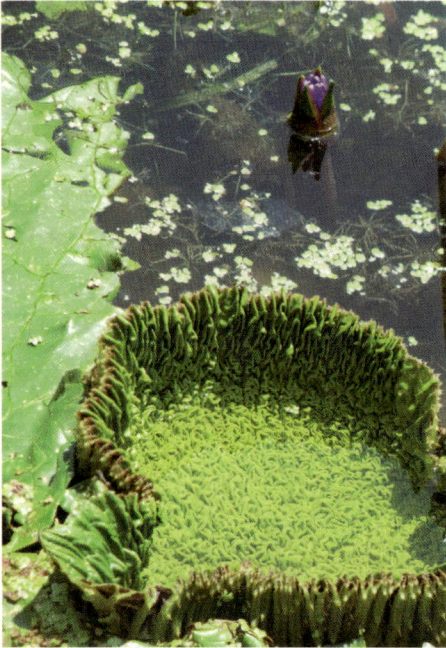

劝君莫把清贫厌，菱角鸡首也度年

芡（*Euryale feroxb* Salisb） 又 称 鸡头米、鸡头莲，淮安人称为鸡头菱角。古人称之为雁头、雁喙、卵菱等，为睡莲科（Nymphaeaceae）芡属（*Euryale Salisb*）中唯一的一种。

芡，一年生，水生草本，根状茎短粗，叶二型：沉水叶条形、箭形、椭圆形，叶柄无刺；沉水叶近革质，圆形，直径达 100～130cm，盾状，全缘或具缺刻，上面绿色，下面红紫色，有尖刺，叶柄具尖刺，花紫红色或紫蓝色。花果期 7～9 月[1]。其种子称为芡实，剥去果皮、假种子所得的种仁称之为"芡米"。

芡原产我国，7000 年前浙江余姚河姆渡文化遗址已有芡实出土，《周礼》中有"加笾之实，菱芡粟脯"的记载，说明中国古代还有芡实作为祭祀之用[2]。

芡在中国的分布很广，各地的湖泊、池塘中皆可有野生或栽培的芡生长，尤以太湖地区和洪泽湖地区分布的最多。太湖地区主要是人工栽培的为主，以苏州紫花芡和苏州白花芡两个品种最多，这两个品种经长期人工驯化，其叶柄、花梗和果实上匀光滑无刺。淮安及洪

---

1. 陈耀东，等编著. 中国水生植物. 郑州：河南科学技术出版社，2012. 40.

2. 彭世奖. 中国作物栽培简史. 北京：中国农业出版社，2012. 245.

泽湖、宝应湖周边分布的主要是野生的"有刺芡实"[1]，此种芡实色泽纯白，圆润如珠，明代杨基《发淮安》诗中就称赞淮安出产的甜瓜和芡实，称"红怜瓜似蜜，白爱芡如珠"。据笔者实地考察，白马湖周边的池塘河渠中分布最多。金湖县出产的金湖芡实和洪泽县出产的洪泽芡实均为地理标志证明商标[2]。

芡是一种食药兼用的野蔬，李时珍《本草纲目》言其主治"湿痹、腰脊膝痛、补中、除暴疾、益精气、强志，令耳目聪明，止渴益肾，治小便失禁，遗精白浊带下"[3]等症。芡的种仁富含淀粉、蛋白质、矿物质，可生食、炒食、作汤料或加工成罐头，芡的嫩叶柄、果柄剥皮去刺后，可炒食，亦可腌制、凉拌食用。笔者少时曾炒食芡的叶柄，清滑爽口，有一种天然的清香。

淮扬菜做汤作羹时，常用芡粉勾芡，这说明最早用来勾芡的淀粉来自于芡实，当然现在的芡粉可有多种来源，不限于芡实之粉。

6. 慈姑

慈姑为泽泻科（Alismataceae）慈姑属（*Sagittaria* L.）野慈姑种（*Sagittaria.trifolia* L.）的一个变种（*Sagittaria.trifolia* L.var.*sinensis*(Sims)Makino），慈姑属全世界约有 30 种，我国已知 9 种，作为食用蔬菜的慈姑均出自于野慈姑的这个变种。

1.江苏省地方志编纂委员会编. 江苏省志·园艺志. 南京：凤凰出版社，2003. 207.

2.李力，龚廷泰主编. 2014 江苏法治发展报告 No.3 2014 版. 北京：社会科学文献出版社， 2014. 201.

3.［明］李时珍. 本草纲目. 刘衡如，刘山永校注. 北京：华夏出版社，2002. 1276-1277

古淮河边生长的野慈姑

　　慈姑植株高大，粗壮，叶片大，箭头状，肥厚，顶裂片先端钝圆，卵形至宽卵形，根状茎末端膨大成球茎，球茎卵圆形或球形，球茎生有顶芽，弯曲（俗称慈姑嘴子，淮安人有谚语"满船荸荠不如半篓慈姑"，有重男轻女之意，意思说生女儿再多也不如生个男孩）。圆锥花序高大，花白色，长约20～60cm，分枝多轮，雄花多轮，生于上部，雌花2～4轮，生于下部[1]。

　　慈姑原产我国，古代有籍姑、河凫茈、白地栗、水萍等名，现在也有以茨菰之名相称的，其植株有称剪刀草、箭搭草、槎丫草等名。李时珍《本草纲目》曾说明其得名"慈姑"的来源："慈姑，一根岁生十二子，如慈姑之乳诸子，故以名之。"[2]慈姑在我国分布较广，但主要

1.陈耀东，等编著. 中国水生植物. 郑州：河南科学技术出版社，2012. 223.

2.［明］李时珍. 本草纲目. 刘衡如，刘山永校注. 北京：华夏出版社，2002. 1279.

集中在江南地区，如江苏、浙江、广东、广西等省区，除中国外，日本、朝鲜也有栽培[1]。慈姑的栽培品种有黄白皮慈姑和青紫皮慈姑两类，广东的白肉慈姑、苏州的苏州黄属前一类，高淳红皮、淮安的圆慈姑等属后一类，与淮安接壤的宝应紫圆慈姑（又称侉老乌）是知名的地方特产，在淮安也有不少地方引种栽培。

明代杨士奇有首著名的《发淮安》诗："岸蓼疏红水荇青，茨菰花白小如萍。双鬟短袖惭人见，背立船头自采菱。"[2]此诗写出了当时淮安运河边生长的四种水生植物：红蓼、荇菜、慈姑和菱角，慈姑亦在其中。江用文主编的《国家作物种质资源圃保存资源名录》收录了1989年采集自淮安的三份慈姑资源"淮安慈姑""洪泽慈姑""淮阴慈姑"分别来自于在原淮阴市淮安市、洪泽县和淮阴县[3]。现在淮安市内栽培慈姑较多的地方主要在淮安区的施河、泾口、流均等乡镇。涟水县在20世纪80年代曾种植慈姑达3000多亩，后来逐渐减少。

慈姑富含淀粉、蛋白质、B族维生素和钙、磷、铁等，还含有少量胆碱、甜菜碱等。慈姑味苦，性微寒，可治产后血闷衣胞不下，蛇虫叮咬等[4]。作为蔬菜，慈姑球茎可切片炒食，煮食或烧汤，其嫩叶亦可炸食。在民间，慈姑素有"嫌贫爱富菜"的说法，食用时最好与油腻一些的肉类一起加工，如慈姑红烧肉、排骨慈姑汤等，这样才可去除其特有的苦味。与其他素菜一起加工，前期虽用水烫，亦难去除苦涩之味。

出生于高邮，曾借读于淮安中学的现代作家汪曾祺记得儿时常喝"茨菰咸菜汤"，其师沈从文先生亦喜欢吃慈姑，沈先生评价慈姑"这个好，格比土豆高！"就是说，慈姑不管怎样煮食，吃到嘴里都有嚼头。

慈姑多子，又有慈善之意，故被民间视为吉祥物。齐白石善画慈姑，有《茨菰图》《茨菰花开》等名作。慈姑叶形独特，亦可栽培作观赏植物。

1. 彭世奖. 中国作物栽培简史. 北京：中国农业出版社，2012. 243-244.

2. 陈田辉撰. 明诗纪事 2. 上海：上海古籍出版社，1993. 630.

3. 江用文主编. 国家作物种质资源圃保存资源名录. 北京：中国农业科学技术出版社，2005. 405.

4. 方智远，等编. 中国蔬菜作物图鉴. 南京：江苏科学技术出版社，2011. 336.

7. 荸荠

荸荠（*Eleocharis Dulcis*(Burm.f.)Trin.ex Hensch.）为莎草科（Cyperaceae）荸荠属（*Eleocharis* R.Br.）的一种多年生浅水性草本植物。荸荠属约 250 种，我国产 35 种。

荸荠有地栗、马蹄、乌芋、凫茈、芍、黑三棱等别名。淮安人称其为"蒲其"，也有的当地人把栽培的荸荠读为"蒲其"，野生的荸荠读荸荠。

荸荠原产中国，先民很早就采食野生荸荠，《尔雅》称之为"芍"或"凫茈"。至宋代《本草衍义》开始有人工栽培的记载，称野生者黑而小，食之多滓，种出者皮薄色淡紫，肉白而大，软脆可食[1]。

淮安街上市售的荸荠

---

1. 彭世奖. 中国作物栽培简史. 北京：中国农业出版社，2012. 242.

荸荠为多年生，水生、沼生或湿生草本，根状茎长，在横走根状茎顶端结球茎。秆多数，丛生，直立，圆柱状，高 50～120cm，无叶片，在秆的基部有 2～3 个叶鞘，膜质。小穗顶生，直立，淡绿色，具多数花。花果期 6～10 月[1]。

国内栽培的荸荠品种有桂林马蹄、苏荠、高邮荸荠、余杭荠等，江苏栽培面积较大的地区主要是苏州、扬州、盐城等地，淮安种植面积不大，主要在金湖县和淮安区东南靠近扬州的部分乡镇有所种植。淮安所种者形圆色紫，当地人称之为"铜荸荠"。

荸荠球茎富含淀粉，可供生食或熟食，其味甘，性寒，有清热除烦、祛痰、消积、杀菌、止崩之效[2]，故被誉之为"地下雪梨"。冬春季节，淮安街头常有小贩边削边卖荸荠，削好的荸荠肉水分含量高，脆甜可口，尤其适合感冒的患者食用。削出的荸荠皮可作动物饲料，江苏食品药品职业技术学院也有专家研究，将其所含花色素提取出来，作为天然色素使用。

8. 菰（茭白、茭儿菜、菰米）

茭白，又称茭笋、茭瓜、菰首、蘧蔬、绿节、高瓜等，是禾本科（Gramineae）菰属（*Zizania* L.）植物菰（*Zizania latifolia* (Griseb.)Turcz.ex Stapf）感染菰黑粉菌后长出的变态肉质茎。

菰分布于我国南北各地，为多年生，水生草本，根状茎横走，粗壮，须根多而稠密，秆高大，粗壮，直立，高 100～200cm，叶鞘长于节间，肥厚，叶舌膜质，圆锥花序长

1.陈耀东，等编著. 中国水生植物. 郑州：河南科学技术出版社，2012. 350.

2.方智远，等编. 中国蔬菜作物图鉴. 南京：江苏科学技术出版社，2011. 341.

洪泽湖边野生的菰

30～50cm，分枝多数，簇生，雄性小穗着生于花序下部或分枝上部，雌小穗长圆形，着生于花序上部或分枝下部及主轴贴生处。颖果圆柱形，黄绿色，长约 1.2cm[1]。

　　菰原产我国，最早食用的是菰的种子，称为菰米。大约成书于公元前 5～前 3 世纪的《周礼·天官》中把其列为"稌、黍、稷、粱、麦、苽"等"六谷"之一，称："牛宜稌、羊宜黍、豕宜稷、犬宜粱、雁宜麦、鱼宜苽"（中国古代饮食中讲究的荤素搭配）。苽即菰，古时又有蒋草、茭草等名，菰米古时还有雕胡、安胡等名称。淮安有些地方的乡民将菰称之为"高苗"，茭白称之为"高瓜"[2]，这大约是因为菰植株作为水生植物较为高大的缘故。茭白作为蔬菜食用最早见于《尔雅·释草》："出隧，蘧蔬"，《尔雅·释草》注称："蘧蔬，似土菌，生菰草中，今江东啖之，甜滑[3]。"此"蘧蔬"即茭白。《西京杂记》中也记载："菰之有米者，

1.陈耀东，等编著. 中国水生植物. 郑州：河南科学技术出版社，2012. 275.

2.韩开春. 水边记忆. 重庆：重庆大学出版社，2010：49-50.

3.［晋］郭璞. 尔雅疏. 卷第八. 清嘉庆二十年南昌府学重刊宋本. 十三经注疏本. 153.

长安人谓之雕胡，菰之有首者，谓之绿节。"

茭白在我国栽培广泛，在水生蔬菜中栽培面积仅次于莲藕，其品种类别有单季茭和双季茭之分。单季茭在春季定植，秋季采收，双季茭在春季或夏季定植，在秋季采收一次后，第二年春夏之交可采收第二次。江浙一带栽培的著名单季茭品种有杭州象牙茭、绍兴美女茭、宁波骆驼茭等，双季茭品种有苏州大头青、扬茭1号、杭州梭子茭等[1]。

淮安栽培茭白面积最大的是金湖县的吕良镇，该地邻近白马湖，常年种植茭白1000～3000亩，品种有象牙茭、来安茭、白玉茭等。该地"翠禾"牌茭白为金湖特产，产品质量符合江苏省无公害蔬菜质量标准。产品主要销向广州、上海、南京、扬州等大中城市。

野生的菰在洪泽湖边和白马湖边非常多，在洪泽湖，菰与莲、李氏禾、芦苇等植物形成多种类型的水生植物群丛，在湖边的洼地及浅滩上广泛分布。当年康熙下江南返程经过洪泽湖时，在《泛洪泽湖偶咏》中就写到这种植物，诗称"积水空明浸太虚，轻舟闲泛进徐徐。菰芦绝岸柴门小，终岁生涯业捕鱼。"[2]野生的菰在每年五六月份也可采摘其刚长出不久的肉质嫩茎食用，此种嫩茎上部碧青，下端牙白，形似茭白，却无茭白纺锤样根茎，一般如指头般粗细，当地人称之为茭芽、茭儿菜或野茭瓜[3]。这个茭儿菜，在吴承恩的《西游记》里也曾提到："油炒乌英花，菱科甚可夸，蒲根菜并茭儿菜，四般近水实清华。"明徐光启的《农政全书》中也引述了高邮王磐《野菜谱》中对茭儿菜的诗化描述："茭儿菜，生水底，若芦芽，胜菰米。我欲充饥采不能，满眼风波泪如洗。"[4]

淮安栽培的茭白虽然名气比不上杭州、苏州、台州等地，但出产的菰米却不可小瞧。汉代出生于淮阴的枚乘在《七发》中曾开出一份菜单（被称之为淮扬菜的第一份菜单），其中不仅有"刍牛之腴，菜以笋蒲"，也有"楚苗之食，安胡之饭，抟之不解，一噏而散"。此"安胡之饭"，后人考证就是用菰米做成的米饭。这种米饭抟在一起，不易散开，但入口

1.中国农业科学院蔬菜花卉研究所主编．中国蔬菜品种志（下）．北京：中国农业科技出版社，2001.1286-1189.

2.荀德麟，章大李主编．洪泽湖志编纂委员会编．洪泽湖志．北京：方志出版社，2003.530.

3.兰姨著．江南味道．桂林：漓江出版社，2014.132.

4.［明］徐光启．农政全书．长沙：岳麓书社，2002.995.

即化，非常爽滑。吴承恩在《西游记》六十九回里也写到了菰米，那朱紫国国王招待唐僧师徒的恰有"滑软黄粱饭，清新菰米糊"。清《乾隆淮安府志》亦把菰米作为其地出产的物产加以介绍，称"菰米，雕胡也，作饭香脆"[1]。明《天启淮安府志》载有林云凤所作的《天妃宫万柳池八景》诗，其中一首《远浦归鱼》中有"吹火芦中菰米熟，短蓬乘月扣舷归"这样的句子[2]。清初淮安诗人张养重避居白马湖时，恰逢大雨，只有采菰米为食，其诗《舟中闻笛》称："舍北舍南暮水平，山妻吹火逐滩行。生柴自折炊菰米，何处移舟无月明"[3]。

淮阴侯韩信早年落魄时得漂母馈食的故事大家都是熟悉的，而漂母所赠之饭亦是菰米做的雕胡饭[4]。后人作诗纪念时常忆起此典故，唐李白《宿五松山下荀媪家》诗有"跪进雕胡饭，月光明素盘。令人惭漂母，三谢不能餐。"唐罗隐《漂母冢》诗有"原上荻花飘素发，道旁菰叶碎罗巾。"

菰在古代淮安多为野生，作为一种水生植物，它常与出产蒲菜的香蒲科水烛长在一起，所以菰与蒲，共同成为淮安人独特的乡愁记忆。宋代淮安诗人张耒经常在诗中写到这两种植物，如"近郊小径绝人行，水满菰蒲取次生。""孤村足雨菰蒲合，只有群蛙噪满陂。"淮安勺湖的藏经楼有一对联："塔上铃声，城边帆影；春风杨柳，秋月菰蒲"。清代淮安学人阮葵生少时在家住勺湖草堂，为官在外时不由得"远心长日绕菰蒲、乡味朝来润客厨"[5]。勺湖之北的萧湖正是韩侯钓台的所在地，其中也多菰蒲。清代程钟《淮邑萧湖记》称："萧湖之南，水田数百亩，中多菰蒲。渔艇往来，与鸥鹭相征逐，滨湖居民多食其利"。

"荻花菰叶对淮壖，几处晨光渐欲烟"[6]。可惜的是现在市场上茭白常见，淮安乡野水泽中野生的菰也还有，但历史上美味而又悠远乡愁的菰米却很难吃到了。

---

1. ［清］卫哲治，阮学浩修，叶长杨，顾栋高纂．荀德麟点校．乾隆淮安府志．北京：方志出版社，2008. 1254.

2. ［明］宋祖舜修，方尚祖纂．荀德麟，等点校．天启淮安府志．北京：方志出版社，2008. 942.

3. 高岱明．淮安饮食文化．北京：中共党史出版社，2002. 24.

4. 高岱明．中国美食淮扬菜．南京：江苏人民出版社，2012. 98.

5. ［清］阮葵生．茶余客话．卷八．光绪十四年刻本. 109.

6. ［民国］王光伯辑．（清）李元庚著．淮安河下志．山阳河下园亭记．北京：方志出版社，2006. 101.

9. 荇菜

荇菜, 学名莕菜, 为龙胆科 (Gentianaceae) 莕菜属 (*Nymphoides*) 莕菜种 (*Nymphoides peltatum* (Gmel.) O. Kuntze), 别名水荷叶、金莲子、莲叶荇菜、莲叶莕菜、荇丝菜, 古代还有凫葵、水葵、水镜草等名, 淮安古代称其根为银丝菜。莕菜属植物约 20 种, 广布于全世界的热带和温带。我国有莕菜、水金莲花、金银莲花、水皮莲、刺种莕菜、小莕菜等 6 种, 大部分省区均产。

荇菜原产中国, 现广泛分布于欧亚大陆。《诗经·周南》中那首最著名的《关雎》就描述了古人在水中采摘荇菜的场景:"参差荇菜, 左右流之。窈窕淑女, 寤寐求之。""参差荇菜, 左右采之。窈窕淑女, 琴瑟友之。""参差荇菜, 左右芼之。窈窕淑女, 钟鼓乐之。"

淮安古代很早就将荇菜作为一种水生蔬菜食用, 明《天启淮安府志》"物产·蔬菜"条目收荇菜条, 称"荇菜, 水中蓣叶, 其根银丝菜。"清《乾隆淮安府志》亦收"荇菜"条, 称"荇菜, 类莼, 初生可食。"[1] "莼"即莼菜, 为太湖特产水产蔬菜, 淮安洪泽湖亦有广泛分布。

荇菜为多年生水生草本。茎圆柱形, 多分枝, 密生褐色斑点, 节下生根。上部叶对生, 下部叶互生, 叶片飘浮, 近革质, 圆形或卵圆形, 直径 1.5～8cm, 基部心形, 全缘, 有不明显的掌状叶脉, 下面紫褐色, 密生腺体, 粗糙, 上面光滑, 叶柄圆柱形, 长 5～10cm, 基部变宽, 呈鞘状, 半抱茎。花常多数, 簇生节上, 花梗圆柱形, 不等长, 稍短于叶柄, 长 3～7cm, 花冠金黄色, 长 2～3cm, 冠筒短, 喉部具 5 束长柔毛, 裂片宽倒卵形, 雄蕊着生于冠筒上, 整齐, 花丝基部疏被长毛, 花柱有长短两种类型, 腺体 5 个, 黄色, 环绕子房基部。蒴果无柄,

---

1. [清] 卫哲治, 阮学浩修, 叶长杨, 顾栋高纂. 荀德麟点校. 乾隆淮安府志. 北京: 方志出版社, 2008. 1256.

参差荇菜，左右流之

椭圆形，种子大，褐色，椭圆形，边缘密生睫毛。花果期4～10月[1]。

荇菜生于池塘或不甚流动的河溪中，在淮安大小水体中都常会见到，在洪泽湖中分布甚广。洪泽湖中的荇菜与水蓼、李氏禾组成水蓼——李氏禾＋荇菜群丛，主要分布在安河洼沿岸带及其它沿岸带，与菱、水鳖、金鱼藻等组成菱＋荇菜＋水鳖—金鱼藻群丛，主要分布在溧河洼的小杨台湖区一带，在湖区总分布面积达 50km² 以上。[2]

荇菜含有蛋白质、胡萝卜素、维生素 C、维生素 B$_2$等多种营养物质，还含有芸香苷、槲皮素等多种生物活性物质，具有清热解毒、益气和中、生津润燥等药用功能。荇菜现代的加工食用方法有荇菜豆腐、荇菜炒肉丝、蒜茸荇菜等，几种加工的方法有一个共同点，都是将荇菜的柔嫩光滑的茎叶洗净后，用开水焯过后，再将其放入凉水中浸泡15～30分钟，然后再与其他食材一起加工食用[3]。江南一些地方也有将荇菜茎叶与粳米、绿豆同煮成糁的食用方法，笔者没有吃过，想来应该是口味不错的。

---

1. 中国植物志编委会编. 中国植物志. 第 62 卷. 北京：科学出版社，1988. 414.

2. 荀德麟主编. 洪泽湖志. 北京：方志出版社，2005. 114—115.

3. 谭兴贵，等. 中国食物药用大典. 西安：西安交通大学出版社，2013. 144.

第二章
白菜类蔬菜

黑苞菜

淮安小狮子头大白菜

淮安瓢儿白

淮安九里菜

乌塌菜

1. 黑笸菜

黑笸菜 (*Brassica campestris* L. sp. *chinensis* (L.) Makino var.communis Tsen et lee) 是十字花科 (Cruciferae) 芸薹属 (*Brassica*) 芸薹种 (*Brassica rapa* L.) 不结球白菜亚种 (*Brassica chinensis* L.) 普通白菜变种 (也称青菜、小白菜) (*Brassica chinensis* var.communis) 中的淮安地方特有品种。

黑笸菜在淮安市栽培历史悠久，又被称为笸菜、芭菜、淮菘，同淮山药、淮杞、淮笋 (即蒲菜) 并称蔬菜中的"四淮"。在公元 1518 年明正德年间修订的《淮安府志》中就有所记载[1]，后来明天启年间修订的《淮安府志》中也有收录，两志中均称其名为"芭菜"。由于该品种叶片颜色墨绿，且叶大茎细，极易倒伏，菜农常在畦间筑小篱笆[2]以防寒防倒伏，

淮阴区棉花庄栽培的黑芭菜

故得名黑笸菜[3]，也称为"暖笸菜"。有篱笆这样的风障遮护，笸菜比一般的露地蔬菜生长快，上市早。

黑笸菜植株直立，株高 30～35m，开展度 26cm×30cm，单株有 9～11 个叶片，叶片椭圆形，长 10～15cm，宽 6～10cm，深绿色，叶面稍皱，叶脉明显，

---

1. [明] 薛修，陈艮山纂. 荀德麟等点校. 正德淮安府志. 北京：方志出版社，2009. 44.

2. 此篱笆被称之为"风障"，淮安菜农发明的这种农业设施后来在吴志行等编著的《设施农业》教材中被介绍。不过现在塑料大棚等设施被广泛使用，这种风障在上世纪 70 年代以后用的就很少了。

3. 章来福. 淮安的芭菜. 淮海晚报. 2010-10-26.

叶柄浅绿色，长 17～20cm，宽 0.5～0.8cm，横剖面半圆形，单株重 100～150g。苞菜在白菜中属中晚熟品种，从定植到收获 50 天，耐 -8℃低温[1]。

以前淮安菜农在种植苞菜时，常在 9 月下旬至 10 月上旬播种育苗。栽培田块做成宽170～200cm 的东西向菜畦，每隔三畦，在畦的北侧设置一个风苞（风障），选大苗定植于近风障的一畦，此畦 12 月下旬收获，称头苞菜。头苞菜收获后，将风苞移至中旬一畦，再定植菜苗，第二年 2 月下旬收获，称二苞菜。收获后将风苞移至最南一侧，定植冬性较强，抽薹较晚的品系，3 月下旬至 4 月中旬收获，称三苞菜[2]。

苞菜滋味嫩滑爽口，而且久煮不烂，颜色不改，这在青菜中是很难得的[3]。该品种在冬春季节食用最为适宜，在菜场选购时叶片墨绿，叶柄色白，且高度在 40cm 以下者为最佳。到了春天，黑苞菜日照充分后，叶柄长大，纤维含量变高，食用价值便会下降。故淮安民间有句谚语："嫩汤菜上市，老芜菘下台。"此"老芜菘"即春天的黑苞菜。

老淮安（淮安区）人对黑苞菜情有独钟，有苞菜头炖肉圆、苞菜烧百页、鸡汤烩苞菜等多种食法，亦常用其配烧牛脯、羊肉、猪大肠。现在淮安区的老人去外地看望亲友时，还经常带上一两捆苞菜过去，让离家的亲人品尝一下这鲜美的家乡菜味道。在别的地方很难见到苞菜，不过据当代网络作家小号鲨鱼在其散文集《江湖歌者》中介绍，他在南京倒是吃到这种"极鲜嫩""细梗大叶"的"苞菜"[4]。

黑苞菜的栽培以淮安区和清浦区为最多，现在淮阴区的果林和棉花庄也种植不少。淮安区新城村黑粘心沙土上原来栽培的"新城里"苞菜最为有名。现淮扬菜美食文化研究会蔬菜基地中栽培的一种苞菜，叶色深而柄细白，口味甚佳。

1. 朱明超，孙玉东，等. 黑苞菜. 北京农业，1986（6）.

2. 中国农业科学院蔬菜花卉研究所编. 中国蔬菜品种志·上卷. 北京：中国农业科技出版社，2001. 360

3. 朱明超，王伟中，等. 江苏淮安地区特有蔬菜品种. 江苏农业科学，2003（5）：71.

4. 小号鲨鱼. 江湖歌者. 北京：中国友谊出版公司，2005. 18.

2. 淮阴小狮子头大白菜

淮阴小狮子头大白菜是十字花科（Cruciferae）芸薹属（*Brassica*）芸薹种（*Brassica rapa* L.）大白菜亚种（*Brassica rapa* ssp.*pekinensis*（Lour.）Hanelt）中的一个地方品种。

大白菜又名结球白菜、黄芽菜、包心白菜，是我国特产蔬菜，也是东亚最重要的蔬菜作物之一。它的祖先和小白菜一样，都是蔲菜，原产华北，《诗经·邶风·谷风》中"采葑采菲，无以下体"之"葑"即为大白菜的野生祖先[1]，这种野生的"葑"口味并不佳，可食部分只是幼嫩的花薹，叶子总体上是苦涩难食的，只是到东汉才演化出一种没有苦味的品种，被称为"凌冬晚凋，四时常见，有松之操"之"菘"。"菘"是大白菜和小白菜的共同祖先，在隋唐时期，它与芸薹属的其他蔬菜品种进行多次杂交，衍生出多种新的蔬菜品种，其中一类演变为大白菜。

对于大白菜的起源有杂交起源说、分化起源说等不同的观点。近年来曹家树等提出的"多元杂交起源学说"，认为大白菜是小白菜进化到一定程度分化出不同生态型以后，与塌菜、芜菁杂交后在北方不同生态条件下产生的，也就是说小白菜分化在前，大白菜分化在后[2]。

唐代苏敬等著的《新修本草》中的"牛肚菘"，被认为是大白菜的原始种[3]。大白菜被称之为"黄芽菜"始于宋代，宋代的《梦粱录》等书开始有栽培"黄芽菜"方法的记录，这种黄化的白菜因为质地柔软、口感鲜嫩而受到人们的喜爱。真正培育成的结球大白菜到清代顺治年代才有记载，这样的结球大白菜在全国各地得到普遍的栽培，在我国南北各地出现了许多优良的品种。淮安的涟水县（原安东县）在清代已有从北方引进的黄芽菜出产，据清赵宏恩所编的《（乾隆）江南通志》卷八十六"食货志"称"黄芽菜，安东有之，北种也"[4]。清《乾隆淮安府志》"物产"中也始收入"黄芽菜"入"蔬瓜之属"，并注其为"北种也"。

1.阿蒙. 时蔬小语. 北京：商务印书馆，2014. 4.

2.朱德蔚，等主编. 中国作物及其野生近缘植物. 蔬菜作物卷. 上. 北京：中国农业出版社，2008. 123-124.

3.彭世奖. 中国作物栽培简史. 北京：中国农业出版社，2012. 205.

4.［清］赵宏恩. 江南通志. 卷八十六. 食货志. 清文渊阁四库全书本，1646.

　　结球大白菜根据叶球抱合程度，主要分为散叶变种、半结球变种、花心变种、结球变种等4个变种。小狮子头大白菜属花心变种，该种叶球抱合较紧，但球叶顶端向外翻卷，呈"花心"状。

　　淮阴小狮子头大白菜是目前淮安栽培面积比较大的白菜品种，其植株较小，一般株高30～32cm，开展度45cm×42cm，外叶较多，叶面皱缩明显，色泽鲜黄，外叶呈伞状外披，故得名小狮子头大白菜，或小狮子头黄芽菜[1]。淮安地方大白菜品种中另有一种大狮子头大白菜，栽培面积也不小，其株形比小狮子头大，单株重可达4500g，熟性比小狮子头略晚，口味不如小狮子好，但产量很高。

1.朱明超，王伟中，等. 江苏淮安地区特有蔬菜品种. 江苏农业科学, 2003（5）：72.

淮安人把小狮子头大白菜作为地方特色蔬菜品种，不过邻市的连云港也有一种小狮子头大白菜作为其地方特色品种，言其在当地已有 100 余年的种植历史。刘宜生主编的《中国大白菜》[1]、王杨等撰写的《江苏省特色蔬菜资源分布与保护利用对策》，以及中国农业科学院蔬菜花卉研究所编的《中国蔬菜品种志》皆把小狮子头大白菜的主产区定为连云港[2]。相比较而言，连云港小狮子头大白菜与淮阴的品种相比都是矮桩花心，但植株稍高，单株重量也显著高于淮阴品种[3]。

淮阴小狮子头大白菜一般秋季播种，定植后 50 天开始收获，多年来由于农户自己留种，选育水平低，其种性有所退化，整齐度和商品性大大降低。不过近期淮安市农科院育成了一个杂交小狮子头大白菜新品种——淮黄 3 号，该品种抗病性强，产量高，品质好，已得到广泛推广[4]。

小狮子头大白菜含水量高、纤维少，口感好，可供炒食、煮食、凉拌、做馅，冬季食用，白菜烧豆腐、白菜烧百页、白菜烧牛肉、白菜烧肉圆等皆是美味的家常菜肴。

3. 淮安瓢儿白

淮安瓢儿白是十字花科（Cruciferae）芸薹属（*Brassica*）芸薹种（*Brassica rapa* L.）不结球白菜亚种（*Brassica chinensis* L.）普通白菜变种（也称青菜、小白菜）（*Brassica chinensis*

1. 刘宜生主编. 中国大白菜. 北京：中国农业出版社，1998. 92.

2. 王杨，辛俊，等. 江苏省特色蔬菜资源分布与保护利用对策. 江西农业学报，2009（7）：58.

3. 中国农业科学院蔬菜花卉研究所编. 中国蔬菜品种志·上卷. 北京：中国农业科技出版社，2001. 331.

4. 张汛，孙玉东，等. 大白菜新品种——淮黄 3 号. 上海蔬菜，2013（6）：12.

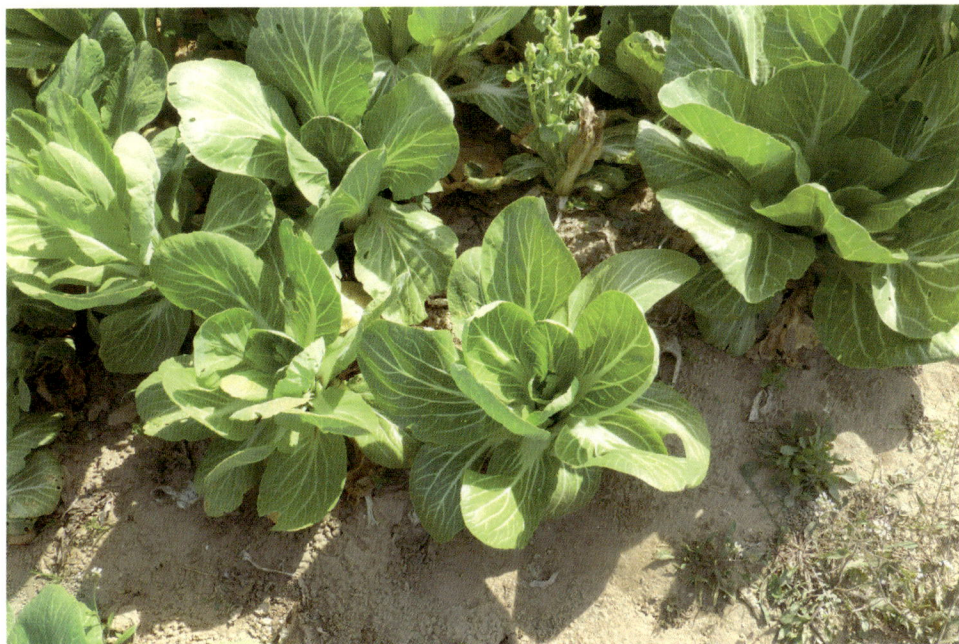

var.*communis*）中的一种地方栽培品种。在《中国作物遗传资源》《蔬菜育种学》等多种文献中都有所记述。

小白菜在江南地方叫青菜，北方则喜欢叫油菜，它和大白菜一样起源于先秦时野生的芸薹（即葑）。野生的芸薹在人类的驯化下演化出三类，一是大白菜、小白菜的共同祖先"菘"，二是广东人现在喜欢食用的菜心，三是可以榨油的油菜[1]。

现代蔬菜的生物学分类，常将小白菜看作芸薹的一个亚种，其下分为四个变种，即普通白菜变种，塌菜变种，薹菜变种和菜薹变种[2]。

1.阿蒙. 时蔬小语. 北京：商务印书馆，2014.4.14,

2.中国农学会遗传资源学会编. 中国作物遗传资源. 北京：中国农业出版社，1994.615.

普通白菜在淮安有许多栽培品种，按其成熟期、抽茎期的早晚和栽培季节特点，可分为秋冬白菜、春白菜和夏白菜三类，秋冬白菜又可按叶柄色泽分为白梗菜与青梗菜两类，白梗菜又可按叶柄长短分为高桩类、矮桩类和中桩类，淮安瓢儿白属于秋冬白菜类的白梗菜中的一种中桩扁梗品种[1]。

该品种株高30～45cm，叶片深绿，近圆形，向外反卷，叶柄色白扁平。瓢儿白叶柄中含纤维较少，开锅即烂，在食用时烧汤炒食俱佳。

瓢儿白等青菜品种具有丰富的营养价值，成为日常生活中最不可缺少的成份，淮安人饮食习惯中具有良好的素食传统，"青菜豆腐保平安"这句俗语正说明了这一点。

淮安人食用青菜有许多特别的传统，一种是将长菜梗切作丁，用盐淡码，拌酱麻油食用，叫"咸菜剁子"。还有一种是在秋天将丰收价廉的大个青菜腌制晒干成为可长期储存的霉干菜，霉干菜可解决以前冬季菜荒的问题，受到老百姓的普遍欢迎，成为乡土记忆的一部分[2]。现在"霉干菜烧肉"则是淮扬菜的一道价廉物美的名菜。

4. 淮安九里菜（过寒菜）

淮安九里菜是十字花科（Cruciferae）芸薹属（*Brassica*）芸薹种（*Brassica rapa* L.）不结球白菜亚种（*Brassica chinensis* L.）普通白菜变种（也称青菜、小白菜）（*Brassica*

1.黄善香主编. 中国种植养殖技术百科全书（第2卷）. 海口：南方出版社，1999. 26.

2.郭裕环. 情系霉干菜. 淮海晚报. 2009-12-27.

chinensis var.*communis*）
中的一种地方栽培品种，
中国农业科学院蔬菜花卉
研究所编的《中国蔬菜品
种志》有所收录和描述。
在杨宁等编著的《油菜菠
菜高效栽培技术》、王小
佳编著的《蔬菜栽培学各
论》等文献中也被称作"淮
安黑叶九里菜"。

淮安九里菜在小白菜品系中属于春白菜类（早春类型），青圆梗型，主要在冬季种植，春季3月份抽薹之前采收，供鲜食或加工腌制。具有耐寒性强，高产，晚抽薹等特点，常被称作"过寒菜"。该品种为淮安区郊区农家品种，栽培历史悠久。

淮安九里菜植株直立，株高35～55cm，开展度15cm×20cm，叶片倒卵圆形，长20～30cm，宽10～15cm，叶片深绿色，叶面平滑，叶脉明显，叶缘有稀疏的浅缺刻，叶柄浅绿色，横剖面半圆形，较长，占叶总长的2/3。单株重500g。

该品种较早熟，从播种到收获90天左右，耐寒，煮食易酥。当地一般10月上旬播种，第二年1月收获，单产可达3000kg/hm^2[1]。

淮安九里菜又称过寒菜，不过"过寒菜"这一名称在不同地方有不同的含义。有时候它泛指所有耐寒性强，能够在野外越冬的青菜，有时候它特指淮安九里菜这一地方栽培品种。

1.中国农业科学院蔬菜花卉研究所编. 中国蔬菜品种志·上卷. 北京：中国农业科技出版社，2001. 360.

连云港海州也有一个地方耐寒的青菜品种称"过寒菜"，在当地很有名，已有近300年的种植历史。这种过寒菜有点像雪里蕻，但植株更矮壮一些，色泽更乌一起，吃起来有一点辣，也有一点特别的苦香味[1]。海州的过寒菜有两个品种，一为板叶过寒菜，叶片边缘有不规则波纹状缺刻；一为花叶过寒菜，叶顶片大，边缘呈鸡冠状皱纹锯齿。1982年，江苏省农业科学院专家采集鉴定后，认为它不属于芥菜，仍是一种青菜。

5. 乌塌菜

菊花菜：塌地类乌塌菜

乌塌菜属于十字花科（Cruciferae）芸薹属（*Brassica*）芸薹种（*Brassica rapa* L.）不结球白菜亚种（*Brassica chinensis* L.）塌菜变种 [*Bassica chinensis* var.*rosularis*]，又称乌菜、塌棵菜、塌古菜、黑菜、塌地松等。

乌塌菜为二年生草本，其基生叶密生成莲座状，圆卵形或倒卵形，厚而皱缩，全缘或有疏生圆齿，深绿色，

1.彭云著. 寻菜小记. 载海州乡谭. 沈阳：沈阳出版社，2001. 213.

开花的黑菜：半塌地类的乌塌菜

上部叶近圆形或圆卵形，全缘，抱茎。总状花序顶生，花淡黄色。长角果圆柱形，是冬季的主要蔬菜之一。

　　乌塌菜原产中国，主要分布在长江流域，在中国有近千年的栽培历史，在宋代、明代的有关文献中已有记载。范成大《四时田园杂兴》中"拨雪挑来踏地菘，味如蜜藕更肥醲"写的是宋代的塌菜之美味，明代中叶安徽等地普遍有"乌青菜"种植的记载。明《天启淮安府志》"物产"所载的"黑菜"[1]，清《乾隆淮安府志》所载"冬栽春肥，最美"的"乌菘"所指的也是当地栽种的乌塌菜。

1.明《天启淮安府志》物产中记载的芸薹种蔬菜有"白菜、青菜、黑菜、芭菜、菘菜"等多种，白菜、青菜等虽指向品种不明，但也说明当时淮安栽培的地方蔬菜品种还是非常多的。

乌塌菜产品鲜嫩，外形美观，入冬经霜冻后味更甜更鲜美，为春节前后之佳蔬，其营养丰富，产品中除含有蛋白质、碳水化合物和粗纤维，还含有大量的矿物质和维生素。据测定：每千克鲜叶中含维生素 C 高达 70mg、钙 180mg 以及较多的铁、磷、镁等矿物。乌塌菜食用方法很多，可清炒、煮汤，或做成各种配菜，还可腌渍，色、香、味俱佳。

按叶形和颜色，乌塌菜可分为乌塌类和油塌类，乌塌类叶片小，叶色深绿，多皱缩；油塌类为塌菜与油菜的天然杂交种，叶片较大，绿色，叶片光滑[1]。在栽培实践中乌塌菜可分为塌地类型（矮桩型）和半塌地类型（高桩型）。前者叶丛塌地，植株与地面紧贴，平展生长，中心如菊花，常见品种有常州乌塌菜，上海乌塌棵的大八叶、中八叶、小八叶等。后者植株不完全塌地，叶丛半直立，有南京瓢儿菜、安徽乌菜等地方品种[2]，与淮安区相邻的宝应"黑桃乌"也是半塌地类型。淮安栽培的塌地类型常被称为"菊花菜"，这种菊花菜叶片普遍比上海的中八叶要大，叶片有些皱缩。淮安栽培的一种半塌地类型乌塌菜叶色黑亮、叶面皱缩明显，当地人称之为"黑菜""瓢儿菜"或"瓢儿菜"。另外一种半塌地类型乌塌菜"黄心乌"在淮安亦在栽培。

据笔者考察，淮安地区乌塌菜栽培面积非常大，品种也比较多，可以说冬季市场上流通的当地出产的青菜有 1/3 是乌塌菜，比黑笆菜还要多。淮安当地生长的塌菜柔软脆嫩，开锅即烂，非常适合作为火锅配菜或早晨下连汤面条。

1. 朱德蔚等主编. 中国作物及其野生近缘植物·蔬菜作物卷. 上. 北京：中国农业出版社，2008. 178.

2. 李式军，刘凤生编著. 珍稀名优蔬菜 80 种. 北京：中国农业出版社，1995. 30.

第三章
根菜类蔬菜

淮阴紫芽青萝卜

安东楞头紫萝卜

淮干、红大片

1. 淮阴紫芽青萝卜

淮阴紫芽青萝卜，十字花科（Cruciferae）芸薹族（Trib. *Brassiceae* Hayek）萝卜属（*Raphanus* L.）植物萝卜（*Raphanus sativus* L.）的一种淮安地方栽培品种。

萝卜属植物全球约 8 种，多产于地中海地区，我国产两种，即萝卜（*R. sativus* L.）与野萝卜（*Raphanus raphanistrum* L.）。其中萝卜广泛栽培作蔬菜，生食、熟食、盐腌或酱渍均可，民间也作药用，许多地方都栽培有地方特色的品种。

对于萝卜的起源地，学者们的意见不太统一，有的认为起源于西亚细亚，有的认为有中亚细亚和中国两个中心，也有的认为其起源于广泛分布于欧亚大陆的野萝卜。中国人食用萝卜的历史很长，《诗经·邶风·谷风》中"采葑采菲，无以下体"之"菲"就是早期的萝卜[1]。当然，萝卜在西方的食用历史也比较早，埃及 4000 多年前就把萝卜作为蔬菜食用，他们食用的萝卜是棕黑色的，表面布满密集的裂纹。在 13 世纪欧洲培育出了

"土上蹲"：可作水果食用的紫芽青萝卜

1.彭世奖. 中国作物栽培简史. 北京：中国农业出版社，2012. 207.

四季萝卜，即现在的洋花萝卜（又称樱桃萝卜、雀头萝卜）。

中国早期的萝卜主要是白萝卜和红萝卜，在明末清初的时候，北方才培育出皮肉皆青的青萝卜品种[1]。在明代的《天启淮安府志》中记载淮安有红、白萝卜数种，现在种植的萝卜品种就更多，其中淮阴紫芽青萝卜作为地方特色品种被《中国蔬菜品种志》收录入志。

淮阴紫芽青萝卜，二年生草本，叶簇塌地生长，株高 $15 \sim 18cm$，开展度 $20cm \times 25cm$。叶长 25cm，花叶深裂，外叶大，绿色，心叶小叶正反面皆淡紫色，叶柄淡绿色，长度占全叶的 $1/2 \sim 1/3$，宽 $0.5 \sim 0.8cm$，肉质根圆筒形，纵径 $10 \sim 15cm$，横径 $5 \sim 6.5cm$，根出土部分绿色，入地部分白色，肉青白色，单根重 $200 \sim 300g$。晚熟，播种到收获 $60 \sim 90$ 天，不耐寒，肉质根致密，含水分中等，味佳，耐贮存，生熟皆宜[2]。

萝卜属于时令蔬菜，适宜栽培的土壤为沙壤。因此，在淮安市古黄河沿岸的县区种植较多，如淮阴区和涟水县。紫芽青萝卜是淮安特有的水果型萝卜地方品种，其汁多、味甜、辣味轻，青脆爽口，大小适中，在淮安地区有悠久的栽培历史。因其初生叶芽皆为紫红色，肉质根为青绿色，故名"紫芽青"，这种萝卜直根大多在土外，所以又名"土上蹲"。淮安紫芽青萝卜原以产于钵池山的口味最佳，称"钵池山萝卜"，不过随着钵池山被并入开发区，已无多少农田栽种萝卜。据笔者品尝，现在农民种植的紫芽青萝卜，以淮阴区果林场及棉花庄的最好。

作家汪曾祺小时候在淮安中学借读时吃过紫芽青萝卜，他认为比后来吃过的天津青萝卜口味要好。其实，萝卜的口味，既同品种有关，也与种植的土壤及栽培技术有关，在淮安市场上买萝卜，有时候买到好吃的，有时候买到不好吃的。为了保证紫芽青萝卜的栽培质量，淮安市农科院孙玉东、赵建峰等研究制作了"淮安地方特色蔬菜紫芽青萝卜生产技术规程"，

1.阿蒙. 时蔬小语. 北京：商务印书馆，2014. 53.

2.中国农业科学院蔬菜花卉研究所编. 中国蔬菜品种志·上卷. 北京：中国农业科技出版社，2001. 111.

对其整地、播种、施肥、间苗等环节进行了较为严格的规定[1]，经其团队指导种植的紫芽青萝卜普遍质量较好。

除了紫芽青萝卜外，淮安地区目前还栽培有徐州大红袍萝卜、露头青萝卜、楞头紫萝卜、扬州圆白萝卜、翘头青萝卜、501水萝卜、双红一号、四季红萝卜、千红萝卜、扬花萝卜等多个品种。

徐州大红袍和白萝卜是淮安市市民主要用来做菜的萝卜品种，楞头紫萝卜、徐州大红袍为涟水县腌制萝卜干的主要品种。扬花萝卜生吃凉拌，口味都不错，淮安人亦喜食之，它也是一个广泛被栽培的萝卜品种。

萝卜具有丰富的营养，是一种食药兼用的蔬菜。这一点民间早有认识，"萝卜进城，药辅关门""十月萝卜小人参""冬吃萝卜夏吃姜，不用医生开药方"的说法比比皆是。李时珍《本草纲目》称萝卜"可生可熟，可菹可酱，可豉可醋，可糖可腊可饭，乃蔬中之最有利益者"。从营养学讲，萝卜含有丰富的维生素、糖分和矿物质，特别是还含淀粉酶和芥子油，淀粉酶可助消化，芥子油可促进胃肠蠕动，增加食欲[2]。

2. 安东楞头紫萝卜

安东楞头紫萝卜，十字花科（Cruciferae）芸薹族（Trib. *Brassiceae* Hayek）萝卜属（*Raphanus* L.）植物萝卜（*Raphanus sativus* L.）的一种淮安地方栽培品种，主要栽培作为安东萝卜干的腌制原料。

---

1. 赵建峰，孙玉东，等. 淮安地方特色蔬菜紫芽青萝卜生产技术规程. 现代园艺，2015（2）：33.

2. 刘扬生编著. 江苏传统名特食品. 南京：南京大学出版社，1990. 80.

楞头紫萝卜主要分布于淮安市涟水县石湖、南集、徐集、黄营、义兴等乡镇。其直根个头瘦小、含水分少，皮色紫红。此萝卜生食虽非上品，但制成萝卜干则为珍品。由楞头紫萝卜做成的涟水萝卜干（安东萝卜干）为江苏省地理标志证明商标，该种萝卜干含有丰富的矿物

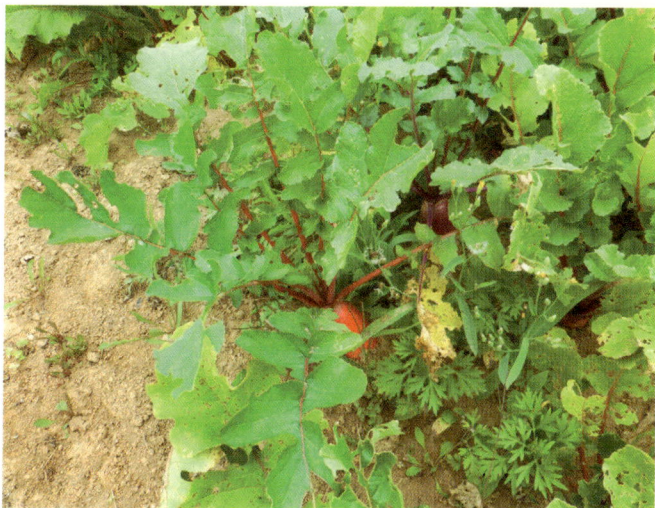

涟水县生产的红心萝卜

质和微量元素，每1000g中含铁0.7～1mg，锌0.22～0.5mg，钼0.19～0.33mg，还含有胡萝卜素、尼克酸、淀粉酶等。

腌制涟水萝卜干有特定的工艺，且有生干、熟干之别，腌制生干时，选用个头中等偏小的"楞头紫"萝卜，要不冻不糠，一般长度8～10cm，直径2～4cm，萝卜洗净去须后，采用滚刀切，切成长5～7cm，宽2cm左右的薄长条，使之条块均匀，在阳光下稍作晾晒，放入腌缸，每放至15cm厚，撒上一层盐，一般生萝卜50kg，用盐2～3kg。盐放好后，其上压以重物，5～7天后，取出晒至六七成干，成为"原干"。原干再放入原来的卤水中用重物压之，5～7天后再捞起沥干，继续晾晒，至萝卜皮向内凹陷时，用一些原卤和醋烧开，冷却后，浇至萝卜干上，边浇边搅拌均匀，然后装入坛中封口备食。这样制作出的安东萝卜干，外形整齐、刀刀见皮[1]，口味鲜美、香甜脆嫩，深受人们喜爱[2]。

1.这一特点，引申出一句淮安谚语"安东萝卜干，刀刀见皮"，喻人说话刻薄，不留情面。

2.闵二虎，董芝杰. 安东三宝. 烹调知识，2010（7）：27.

涟水萝卜干的制作始自清代，具有较为悠久的种植与制作历史，清代李承衔称"安东萝卜干，天下所知"，他特作《涟东竹枝词》以赞。诗称"草草盘飧且佐餐，一年生计在天寒。花生水粉寻常物，薄海闻名萝卜干"。[1]

苏北口味的安东萝卜干传播甚广，入选《中国风味小吃精粹》等多种饮食书谱，一些腌菜谱类的书籍也广泛介绍了它的制作方式，不过由于楞头紫萝卜种植不广，许多书籍中都用红心萝卜代替，这样制作的萝卜干口味虽还可以，但比之于正宗的以楞头紫萝卜制作的安东萝卜干，还是要差了些。

3. 淮干（胡萝卜）

淮干，又称扬州红干、红大片，是伞形科（Umbelliferae）胡萝卜属（*Daucus* L.）野胡萝卜种（*Daucus carota* L.）胡萝卜变种（*Daucus carota* L. var. *sativa* Hoffm）中的淮安、扬州地区农家地方栽培品种。胡萝卜属约 60 种，分布于欧洲、非洲、美洲和亚洲，我国有一种（野胡萝卜）和一栽培变种（胡萝卜）[2]。

胡萝卜有黄萝卜、番萝卜、丁香萝卜、赤珊瑚、黄根等别称。最原始的胡萝卜是含有花青素的紫色胡萝卜，起源中心在阿富汗。我国栽培的胡萝卜大约在南宋前后从国外引进，在明代淮安地区已有种植，明李时珍《本草纲目》中记："胡萝卜今北土、山东多莳之，淮、

1.潘超，等编. 中华竹枝词全编 3. 北京：北京出版社，2007. 611.

2.中国科学院《中国植物志》编辑委员会编. 中国植物志. 第 55 卷（3）. 北京：科学出版社，1992. 223

胡萝卜种植

楚亦有种者[1]。"现在淮安栽种的胡萝卜红、黄品种皆有，淮干属于在淮安、扬州、南通、南京地区普遍栽培的红胡萝卜品种。

淮干胡萝卜，株高 40cm 左右，开展度 22cm 左右，叶片 14 片左右，叶色绿，叶簇半直立，直根短横径呈圆锥形，皮紫红色，表面光滑，肩部平凹，长 10～15cm，横径 4～6cm，木质部大，呈多角形，肉紫红色，色泽鲜，单根重 100g 左右。中晚熟，生长期 120 天左右，较耐热耐旱，肉质紧脆，水分少，适宜加工腌制，腌制品称"红大片"[2]。红大片与大头菜、大蒜头一起，被称为是淮安区出产的"三大"蔬菜品种。

---

1. [明] 徐光启. 农政全书. 陈焕良，罗文华校注. 长沙：岳麓书社，2002. 1096.

2. 中国农业科学院蔬菜花卉研究所编. 中国蔬菜品种志·上卷. 北京：中国农业科技出版社，2001. 179.

胡萝卜营养比较丰富，含有多种维生素和糖类，特别是含胡萝卜素较多，食用可以治疗维生素 A 缺少的疾病。《本草纲目》称其可"下气补中，利胸膈肠胃，安五脏，令人健食，有益无损"。

胡萝卜对土壤的要求条件不高，种植简易，用作救荒备急的蔬粮，常种在荒地或错过了农时的水旱灾田中，在以前是典型的穷人食品。笔者记得小时候唱过的儿歌："拖拉机，突突突（谐音），小胡萝卜掺菜粥，小孩听了就要哭。"在灾荒岁月，没有别的粮食，又缺油少盐，那时候每天都吃的胡萝卜，只具果腹之效，确实很难算得上美味了。

淮安地产的红大片胡萝卜是春节淮安人制作什锦菜的重要原料。此什锦菜又称"十样菜"，与扬州产的腌制"什锦菜"显著不同。选用淮安区北乡生长的红大片胡萝卜擦丝、晒干，再加上百页、海带、黑木耳、豆腐干、黄豆芽等十几样素菜（最多达 16 或 19 样当地菜蔬），炒制拌就，取"和顺长久"吉祥之意。此菜咸淡适宜、清香素雅，是春节老淮安人馈赠亲友的佳品。有幸的是，笔者每年春节都能吃到家里长辈亲手制作的什锦菜和水晶辣豆。

第四章
葱蒜类蔬菜

青葱

大蒜

小根蒜

淮韭

盱眙生姜

茴香

1. 青葱

青葱为百合科 (Liliaceae) 葱属 (*Allium*) 葱种 (*Allium.fistulosum* L.) 分蘖大葱 (*Allium. fistulosum* L.var.*caespitosum* Makino) 变种。我国葱品种资源十分丰富，有普通大葱、分蘖大葱、楼葱、细香葱、韭葱、胡葱等多个变种[1]。青葱即分蘖大葱，又称分葱，古称冬葱、冻葱、科葱、慈葱、菜伯、和事草。淮安及其周边地区普通大葱、分葱、楼葱、细香葱、胡葱都有栽培，而以分葱（青葱）最为普遍。

葱原产中国，其野生种起源于我国的西北及其相邻的中亚地区，古代的葱岭即其以山高多葱而得名。有人推测现在的栽培葱可能是野生的阿尔泰葱在家养条件下的进化产物，大约在汉代从西北传入内地[2]，并演化出各类栽培变种。

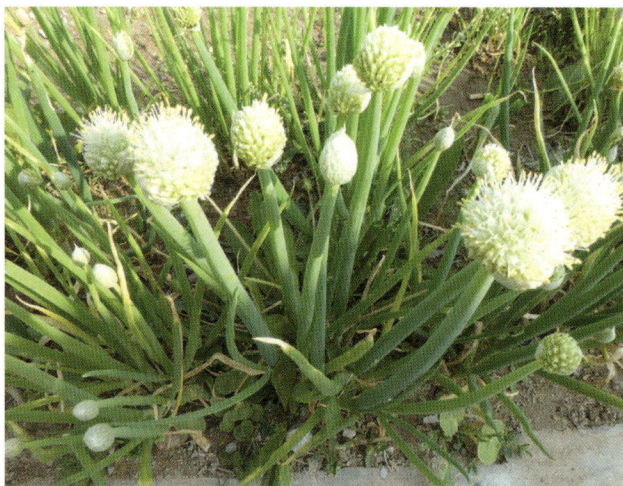

青葱及其头状花序

青葱植株矮小，分蘖性强，呈丛生状，根弦状，茎短缩，盘状，由膜状叶鞘包裹，叶身细管状，先端渐尖，具蜡粉，中空，假茎短，基部（鳞茎）稍膨大，成熟时外包红色或黄色膜，伞形花序，花白色，有膜状总苞，蒴果，种子盾形，黑色。多进行直播或分株栽植[3]。

1.高国训主编. 大葱、洋葱、大蒜生产关键技术百问百答. 北京：中国农业出版社，2009.10.

2.张德纯. 分葱. 中国蔬菜，2014（3）：4.

3.方智远，等编. 中国蔬菜作物图鉴. 南京：江苏科学技术出版社，2011.184.

青葱既是一种重要的调味品（古人以其能调和众味，称之为"和事草"），本身也具有重要的食用与药用价值。中药上初长出的葱叫葱针，叶叫葱青，茎叫葱白，根茎上的蒲膜叫葱袍。李时珍《本草纲目》言"食用入药，冻葱（青葱）最善，气味亦佳也"。葱白作汤，可"治伤寒寒热，中风面目浮肿，能出汗"，还有"主天气时疾，头痛热狂，霍乱转筋，及奔豚气、脚气、心腹痛，目眩，止心迷闷""杀一切鱼、肉毒"等功效[1]。难怪淮安人餐餐离不开葱。

青葱分蘖性强，栽培容易，所以淮安乡间几乎每家菜园时必有青葱栽培，城里人也会在院子里、阳台的花盆中，长上几棵青葱，平时吃的时候，不必整棵拔出，只要掐几根葱叶即可，其茎叶的再生能力都很强。

除了青葱外，在淮安的乡村种植细香葱（*Allium.schoenoprasum L.*）的也不少，细香葱又称香葱、四秀葱，叶细筒形，柔软，具特殊香气，分蘖能力强，耐寒耐旱。菜做好后，将细香葱叶切碎，撒在上面，具有特殊的风味。

大葱（*Allium.fistulosum L.var.gigenteum Makino*）在淮安亦有栽培，但淮安人不嗜辛辣，所以种和吃的人不多，但在淮河以北地区栽培最为广泛。大葱植株高大，耐寒、耐旱，不耐涝，叶身长圆锥形，假茎棍棒状，抽苔前不分蘖。

胡葱（*Allium.ascalonicum L.*）别名蒜头葱、瓣子葱，也有人叫其为青葱，笔者在市场上也见过当地菜农销售，它与分葱高矮相近，但生长后期茎基部易形成鳞茎，鳞茎长卵形，外皮紫红色，内白色，多个鳞茎密集聚生，基部相连。

楼葱（*Allium.fistulosum L.var.viviparum Makino*）别名龙爪葱、龙角葱，其特点是花茎顶部由花器发生若干个小气生鳞茎，并发育成 3～10 个小葱株。淮安市场上偶然见到过，连云港有一个地方农家品种"连云港楼葱"，发源于海州、洪门一代，种植历史悠久，株高

---

1. ［明］李时珍. 本草纲目. 刘衡如，刘山永校注. 北京：华夏出版社，2002. 1062-1063.

30～40cm，葱白不长，横径 1cm 左右，春季 4 月上旬，花茎尖顶端含苞，发生绿色子株，该品种为中国蔬菜品种志收录[1]。《本草纲目》称明代的一种楼葱，"江南人呼为龙角葱，淮、楚间多种之，其皮赤，茎上出歧如八角"，未知是否为本种。

2. 大蒜

　　大蒜为百合科（Liliaceae）葱属（*Allium*）蒜种（*Allium.sativum* L.），别名胡蒜、古名葫。

　　大蒜原产于欧洲南部及中亚（包括中国西部的天山东段地区），现在遍布 5 大洲，全球有 157 个国家种植。我国内地的大蒜是汉武帝时始从西域引入的，《汉书》记载"张骞使西域，始得大蒜种归"。大蒜引入后，在中国很快推广，在东汉时已遍布全国，江苏亦有种植的历史记载。在大蒜引入之前，中国原有一种蒜类植物，单名为"蒜"，又名蒚、卵蒜、山蒜、泽蒜、石蒜等，自从引入大蒜后，为便于区别，古代始称外来蒜为大蒜、胡蒜，中国原有蒜为小蒜或夏蒜[2]。

　　大蒜为弦状根系，茎短缩呈盘状，叶片披针形，扁平，叶鞘圆筒状，由多层叶鞘形成"假茎"，叶部分生组织在叶鞘基部，花茎（即蒜苔）圆柱形，花茎顶部有总苞，伞形花序，花与气生鳞茎混生其中，大蒜的鳞茎，由 4～10 个鳞茎组成，每个鳞茎（蒜瓣）由两层鳞片和一个幼芽构成[3]。

1.中国农业科学院蔬菜花卉研究所主编. 中国蔬菜品种志（上）. 北京：中国农业科技出版社，2001. 1076.

2.彭世奖. 中国作物栽培简史. 北京：中国农业出版社，2012. 191.

3.中国农业科学院蔬菜花卉研究所主编. 中国蔬菜品种志（上）. 北京：中国农业科技出版社，2001. 1078.

大蒜的地方品种很多，可以根据蒜瓣大小分为大瓣蒜和小瓣蒜，根据抽苔的情况分为有苔蒜和无苔蒜，根据叶的质地分为硬叶蒜和软叶蒜，根据皮色分为紫皮蒜和白皮蒜。江苏的地方栽培品种江苏杨蒜属紫皮蒜类型，徐州丰县白蒜和苏州太仓白蒜属白皮蒜类型。

白皮蒜类型一般抗寒力强，早熟，蒜苔粗长，蒜瓣小而多，辣味不强，适合冬季培育成蒜黄。紫皮蒜类型蒜瓣肥大，数目较少，成熟较晚，辛香气味浓厚，品质好，适于生食作调味品[1]。淮安民间谚语"七月中，种大葱，八月半，种大蒜"，淮安乡间栽培及市场上销售的大蒜以紫皮蒜为多，在淮安无反季节蔬菜栽培的时候，冬天食用蒜苗和蒜黄，春天食用蒜苔，夏秋食用蒜瓣。所以大蒜和葱一样，是一年四季都离不开的蔬菜和调味佳品。

淮安当地没有特有的大蒜品种，家常种植虽然普遍，但规模化种植较少，在上世纪七八十年代，淮安区种植面积一度较大，当地的大头菜、红大片、大蒜头"三大"产业具有一定的影响，但现在这传统的"三大产业"已经式微。市场上目前销售的蒜苗多是地产，蒜苔和蒜头大多来自山东。

大蒜是一种食药兼用的蔬菜，除了含有丰富的维生素和矿物质外，还含有一些具有重要活性的含硫有机化合物，如蒜氨酸和大蒜辣素。大蒜辣素在完整的大蒜中不存在，而是大

1.浙江农业大学主编. 蔬菜栽培学. 杭州：浙江人民出版社，1961. 284.

蒜被切开或碾碎后，细胞内含有的蒜氨酸与蒜酶相遇，发生催化裂解反应而产生。现在医学研究证明，大蒜中的一些活性成份可以降血脂，抗多种肿瘤及细菌病毒，蒜氨酸、蒜酶及其衍生物还能抗心肌缺血，抗氧化，清除自由基[1]。所以食用大蒜对身体是非常有益的，现在一些研究证明，将大蒜通过恰当的方法发酵为黑蒜食用，其相关营养成份会进一步提高。

3. 小根蒜

小根蒜，学名薤白，百合科（Liliaceae）葱属（*Allium*）薤白种（*Allium macrostemon* Bunge），还有野蒜、小蒜、密花小根蒜、团葱等名，淮安乡间多称之为小蒜。

小根蒜鳞茎近球状，粗 0.7～2cm，基部常具小鳞茎，鳞茎外皮带黑色，纸质或膜质，挖取时常脱落而显示白色内皮，叶 3～5 枚，半圆柱状，中空，上面具沟槽，比花葶短，花葶圆柱状，高 30～70cm，1/4～1/3 被叶鞘，总苞 2 裂，比花序短，伞形花序半球至球状，具多而密集的花，或间具珠芽或有时全为珠芽，珠芽暗紫色，子房近球状，花柱伸出花被外[2]。

小根蒜易与同为葱属的另一种植物藠头（*Allium chinense G. Don*）相混淆，藠头，别名薤、荞头、藠子、菜芝，其鳞茎在中药上称薤白，两者性状相似，其鳞茎在中药上通用，区别在于藠头的鳞茎长卵形或卵形，数个聚生，质软，嚼之粘牙，小根蒜鳞茎近球状，质硬，

1.马丽娜，等. 大蒜主要活性成分及药理作用研究进展. 中国药理学通报，2014.（30）：6.760-763.

2.中国科学院《中国植物志》编辑委员会编. 中国植物志. 第 14 卷. 北京：科学出版社，1980.265-266.

有蒜臭，味微辣。此外，小根蒜多为野生，生于草丛、田边、沟旁，全国多数地方都有分布，薤头常生于山地较阴处，主要分布在南方，有不少地方栽培作蔬菜或药材[1]。

小根蒜的鳞茎在中药上亦称薤白，薤白含大蒜辣素，具有降脂作用，且性味温辛，能温阳散结，用来治疗高胆固醇和高血脂症。薤白所含的特殊香气和辣味，能促进消化，增加食欲，还可加强血液循环，特别适宜于冠心病和心绞痛的人食用。

淮安很多县区的田野、沟渠、荒山上都能挖到小根蒜，春天也有不少当地的农民挖出来上街销售。常用的食用方法或是与鸡蛋同炒，别有一种田野的清香；或是腌制食用，腌出来的小根蒜蒜味冲鼻，比大蒜蒜味还重，对喜欢的人来说，有特别的开胃之功效。笔者有一位朋友，在淮安吃过腌小蒜，再次来淮时，仍念念不忘，到以前来过的饭店寻此特别的菜肴。

1.陈士林，林余霖主编. 中国药材图鉴 中药材及混伪品鉴别 第 4 卷. 北京：中医古籍出版社，2013. 802–803.

4. 淮韭

淮韭为百合科（Liliaceae）葱属（*Allium*）普通韭种（*Allium tuberosum* Rottl.ex spreng）的淮安地产韭菜。我国栽培的韭菜有普通韭、宽叶韭、野韭和分韭等 4 个品种，常见的韭菜多为普通韭。

韭菜又有起阳草、草钟乳、懒人菜等名。韭是起源于中国的一种蔬菜，在我国很早就有栽培和食用，《夏小正·正月》有"囿有见韭"，《诗经·豳风·七月》有"献羔祭韭"

抽苔开花的淮韭

的记载，这说明韭是一种可用于祭祀的重要蔬菜。《说文》称"韭，菜名，一种而久者，故谓之韭"。韭，谐音久，种植下去之后一年可收割多茬，剪而复生，是中国传统一种家常、实惠而有美好喻义的蔬菜。

韭，具倾斜的横生根状茎，鳞茎簇生，近圆柱状，鳞茎外皮暗黄色至黄褐色，破裂成纤维状，呈网状或近网状。叶条形，扁平，实心，比葶短，宽 0.15～0.8cm，边缘光滑。花葶圆柱状，常具 2 纵棱，高 25～60cm，下部被叶鞘，总苞单侧开裂，或 2～3 裂，宿存。伞形光序半球状或近球状，具多但稀疏的花，花白色，花丝等长，子房倒圆锥状球形，花果期 7～9 月 [1]。

韭菜的品种一般根据食用部位分叶用韭、根用韭、花用韭和苔用韭，淮安地产的韭菜大多为叶用韭。有人将韭菜分为家韭和淮韭，称家韭小而香，淮韭味稍淡，叶略肥大。在韭菜的栽培分类上原有宽叶类型普通韭和窄叶类型普通韭之分，淮韭当属宽叶类型。淮阴原有"椒辣嘴，蒜辣心，韭菜不辣吃二斤"的谚语。现在淮安近年来引种外地韭菜品种很多，如淮安区席桥乡曾引进天津抗寒高产的"790 雪韭"品种，盱眙曾引进平顶山的"791 韭菜"。所以淮韭不是指某一特定的品种，而是指在淮安土壤上生长的地产韭菜。

韭菜含有挥发性的硫化丙烯，因此具有辛辣味，有促进食欲的作用，韭菜其叶味甘辛咸，性温，入胃、肝、肾经，温中行所，散瘀，补肝肾，暖腰膝，壮阳固精。

由于设施化栽培技术的发展，现在一年四季都能吃到韭菜，不过还是春天的韭菜最好吃，杜甫的"夜雨剪春韭，新炊间黄粱"的诗句许多人都熟悉。春韭之中，露天栽培的头刀韭菜最好，淮安人称之为"野鸡毛"，其叶梢发红，根梢带紫，叶片向外开张。菜农售卖时一般不理齐，也不扎成团，而是堆在一起，鲜活硬挺，买回去与鸡蛋或小螺蛳同炒，其味妙不可言。

1.中国科学院《中国植物志》编辑委员会编。中国植物志. 第 14 卷. 北京：科学出版社，1980. 222.

韭菜的食用方法很多，与许多其他的荤菜素菜都能搭配成菜，作为饺子馅，韭菜虽普通，却不是其他馅料所能代替或比拟的。炒春韭之外，笔者最喜欢吃的是小时候母亲做的韭菜盒子，刚出锅时热食，盒子皮烫手，馅料中流出的热汁烫着舌头，气清爽浓郁，又当菜又当主食，生活的智慧和味道全在里面了。

第五章
豆类蔬菜

1. 淮阴豌豆

淮阴豌豆为豆科（Leguminosae）蝶形花亚科（Papilionoideae）豌豆属（*Pisum* Linn.）豌豆种（*Pisum sativum* L.）的淮阴地方品种。豌豆有两个亚种：野生亚种（*ssp. elatius*），栽培亚种（*ssp.sativum*）。栽培亚种又有两个驯化变种：白花豌豆（*var. sativum*），紫花豌豆（*var.arvense*(L.) Pair）。紫花豌豆主要用作饲料，白花豌豆用作蔬菜和谷类[1]。白花豌豆还可以再分为菜用豌豆（*var.hortense* Poir.）和软荚豌豆（var. *macrocarpon* Ser.）。软荚豌豆即荷兰豆，主要食用嫩荚，菜用豌豆食用其嫩梢及种子。淮阴豌豆属菜用豌豆品种。

豌豆有青斑豆、青小豆、胡豆、戎菽、回回豆、回鹘豆、淮豆[2]、安豆等多个别称，淮安、扬州一带习惯称之为安豆。豌豆起源于亚洲西部、埃塞俄比亚、地中海等地区，引入中国的时间大约在汉朝，《尔雅》中的"戎菽豆"所指即是豌豆。

豌豆为一年生攀援草本，高 0.5～2m，全株绿色，光滑无毛，被粉霜，叶具小叶 4～6 片，托叶比小叶大，叶状，心形，下缘具细齿，小叶卵圆形，花于叶腋单生或数朵排列为总状花序，花萼钟状，深5裂，花冠颜色多为白色和紫色，雄蕊 (9+1) 两体，子房无毛，花柱扁，荚果肿胀，长椭圆形，种子 2～10，圆形，青绿色，干后变为黄色，花期 6～7 月，果期 7～9 月[3]。

淮安豌豆有淮阴豌豆、大玉豌、泥豌豆、玉豌豆、小豌豆、白豌豆等多个品种[4]，分布在淮安区、淮阴区、涟水县等多个县区。淮阴豌豆种皮绿白相间，抗寒性强，品质佳，综合表现好，常被选作食用豌豆头的栽培品种[5]。豌豆头营养丰富，具有多种维生素和纤维素，可炒可烩，药用上还具有除吐逆、止痢泻、益中平气、下乳汁的功效。

1.董玉琛，郑殿升主编. 中国作物及其野生近缘植物. 粮食作物卷. 北京：中国农业出版社，2006. 448-449.

2."淮豆"非指淮地之豌豆，按李时珍的说法，淮之淮与回回豆之回音相近，淮乃回之误，称"乡人亦呼豌豆之大者为淮豆，盖回鹘音相近也"。

3.中国科学院《中国植物志》编辑委员会编. 张振万，等编著. 中国植物志. 第 42 卷（2）. 北京：科学出版社，1998. 287-288.

4.范成林著. 毛立发，等整理. 淮阴区乡土史地. 北京：方志出版社，2008. 147.

5.庞明德，乔丽霞主编. 日光温室葱、蒜、甘蓝、豆类蔬菜栽培技术. 石家庄：河北科学技术出版社，2009. 167.

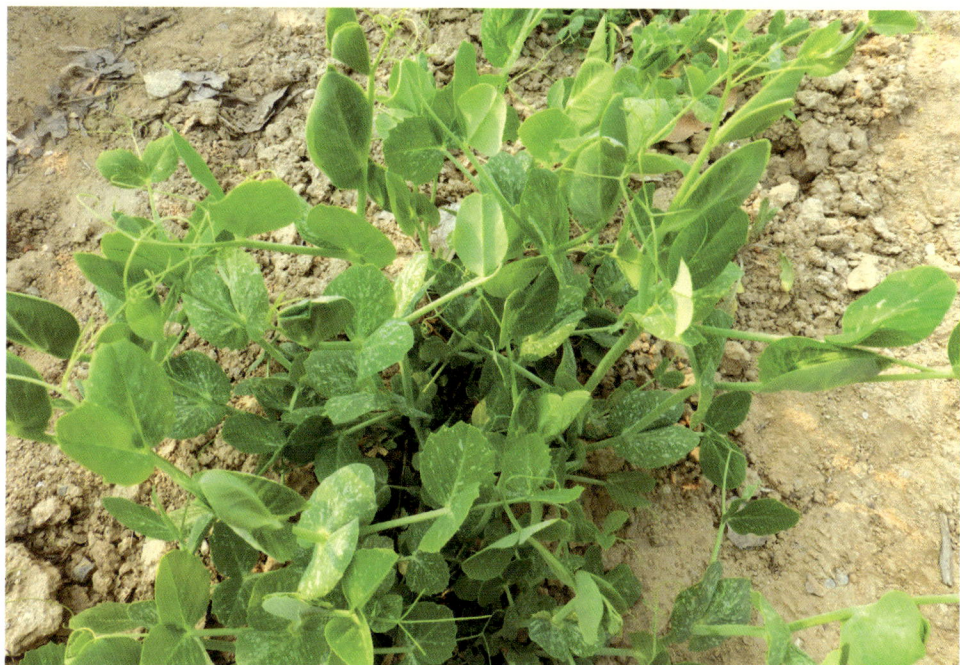

　　淮安、扬州一代称豌豆荚称为"安豆角"，将豌豆嫩梢称为"安豆头"。在春节期间有食安豆的习俗，以求"一年平安"。"鸡粥豌豆"也是淮扬菜中重要的一味菜肴，《清稗类钞》记载："豌豆苗之食法，有芼之为羹者，有炒之以油者，淮安人且烫而食之，以苗之生者投沸汤中，本味完足，食者皆甘之，然汤必为鸡汁或豚汁也"[1]。

　　淮安地区经常将豌豆与小麦混播在一起，由于豆类有固氮作用，可以补充小麦生长所需要的氮肥。根据一些种植经验，豌豆、小麦混播可增产20～30%左右，当地亦有"上八斗，下八斗，不收这头收那头"的谚语，指的是豌豆、小麦混播，即使有一种减产，另一种

1.邱庞同著. 饮食杂俎 中国饮食烹饪研究. 济南：山东画报出版社，2008.134.

也可补救。

　　每年春天，小麦刚抽穗的时候，豌豆便已结出青嫩的荚果。在笔者小时候，这些豌豆荚真是美味的仙果，包括笔者在内的许多小学生中午放学回家时，饥肠辘辘，看到田边鲜美的豌豆荚，会忍不住到田里去偷而食之，被当时生产队里"看青"的老人追得到处乱跑。"豌豆角，啪啼托，人来打我嘴，我还未吃着"这句儿时的歌谣，笔者现在还记忆犹新。

　　淮安区东南几个乡镇还有"豌豆花仙子救灾"的民间故事流传。传说古代淮安经常发生灾荒，东南乡有"古城淮安东南乡，十年八年二头荒"的民谣，有不少饿鬼到玉帝那儿告状。玉帝派豌豆花仙子来淮视察灾情，仙子看到当地洪水泛滥，民不聊生，许多人还患了浮肿病，于是将随身带的豌豆种子撒向了受灾的麦田，不久田里长出许多嫩绿的豌豆，人们采食了这些豌豆头，不仅可以充饥，还可疗病[1]。于是人们将豌豆看成了灾荒年月里得以生存的希望，并且流传了这样的故事。真正到了灾荒的年代，除了栽培豌豆的茎叶可以采食外，淮安地区分布比较普遍的野豌豆也会成为重要的采食对象。

2. 淮安大豆

　　淮安大豆为豆科（Leguminosae）蝶形花亚科（*Papilionoideae*）大豆属（*Glycine* Willd.）栽培大豆种（*Glycine max*(L.) Merr.）的淮安市地方品种的统称。大豆属共有 10 种，

1.万相龙主编. 淮扬菜美食传奇. 哈尔滨：黑龙江人民出版社，2006. 124.

我国分布6种。

大豆，又称毛豆、黄豆、菜用大豆，古称菽。大豆起源并驯化于中国，除新疆、青海和海南外，中国许多地区都有大豆的祖先近缘种野生大豆的分布。据相关考古及文献资料证明，中国在5000多年前就开始大豆的栽培，大豆是中国传

涟水大青豆

统的"五谷"之一，在中国农业发展中占有极重要的地位。

作为江苏重要的大豆产业基地，淮安的大豆种植品种繁多，久有盛名。大豆既是粮食，也是蔬菜，还是重要的饲料来源。明代徐渭诗《二马行》就有"问马何由得如此，淮安大豆清泉水"这样的诗句。清代淮安出产的"淮秋豆"非常知名，《续撰山阳县志》卷一载，时有"江南大贾，携货贸易"，采购豆类，"舟以载去，名早'豆客'，故淮秋豆之名，流传甚远"。新中国成立前，淮安大豆品种有平顶黄、毛叶秋、大白花、小白花、粉青豆、紫花楼等品种[1]，新中国成立后，国内大豆研究者采集到的淮安大豆地方品种有金湖螺丝豆、金湖大菜豆、涟水岔庙黑豆、淮阴大青豆、白马湖粉青豆、淮阴青豆、涟水大青豆、涟水早毛豆、霜来死晚熟毛豆、线儿白毛豆、淮阴秋黑豆、涟水拖拉贵、淮安小白花、涟水大白花、淮阴半夏豆、淮安前丝豆、淮阴紫花秋、淮阴雁来青豆、大马嘴大豆、兔儿嘴大豆、抢稻黄大豆、

1.淮安市志编纂委员会编. 淮安市志. 南京：江苏人民出版社，1998.128. 注：此处淮安市为现淮安区。

秃儿顶大豆、天鹅蛋大豆、细儿白大豆、黄壳子大豆、酱食大豆等 20 余个地方农家品种[1]。淮安市农科院等单位也先后育成了淮豆、楚秀系列大豆新品种。涟水大青豆、涟水早毛豆等品种入选《中国蔬菜品种志》《江苏省志·园艺志》。淮豆 4 号、淮豆 6 号等新育成的大豆品种都通过国审，被作为优良品种在省内外广泛使用，其中淮豆 4 号是江苏省累计种植面积最大，覆盖范围最广的夏大豆主体品种。淮阴青豆（hwaiyin origin green soyabean）、淮阴黄豆（hwaiyin origin yellow soyabean）还是重要的出口产品，两者都入选《汉英中国出口商品辞典》。

涟水大青豆，江苏涟水县农家豆种，栽培历史悠久，涟水县郊区普遍栽培。植株矮生，株高 86cm，开展度 53cm 左右，花冠紫色，豆荚长 6.8cm，宽 1.5cm，厚 1.1cm，单荚重 4.2g，豆荚弯扁条形，嫩荚绿色，荚面茸毛白色，每荚种子 1～3 粒，种子近圆形，种皮绿色，千粒重 363g。晚熟，耐高温，抗病毒病，豆料质糯，味香，食用品质好，适于夏季种植，涟水地区一般 6 月中旬播种，始收期 9 月下旬[2]。

淮豆 4 号，系江苏徐淮地区淮阴农科所用灌豆 1 号为母本、诱变 30 为父本育成，1997 年通过审定，在江苏省累计推广面积超过 500 万亩。该品种属有限结荚习性，紫花，灰毛，分枝能力强，株高 55～75cm，主节 15 节左右，株形紧凑，抗倒伏，中下部叶片卵圆形，上部叶片较窄，荚壳淡褐色，籽粒椭圆形，淡褐脐，百粒重 21～24g，粗蛋白含量 45.8%，脂肪含量 18.9%，抗花叶病毒，耐湿、耐盐，适播期较长[3]。

涟水大青豆、涟水早毛豆、金湖大菜豆等品种是市场上食用毛豆的主要来源，而淮豆系列则是淮扬菜中豆制品的主要来源。平桥豆腐、顺河百页、涟水千张等地方特色菜品之所以风味独特，除了独特的加工工艺和烹饪技术外，淮豆的优良品质也是重要的食材基础。如"涟水千张"为中国地理标志商标，所选用的就是当地的"淮豆 1 号"大豆。

1.何国浩，马育华. 江淮下游地区大豆品种的聚类分析. 大豆科学，1983.2（4）：258.

徐海凤，等. 26 份菜用大豆品种指纹图谱的构建及其遗传多样性分析. 江苏农业科学，2014.42（5）：146-147.

范成林著. 毛立发，等整理. 淮阴区乡土史地. 北京：方志出版社，2008.147.

2.中国农业科学院蔬菜花卉研究所主编. 中国蔬菜品种志（下）. 北京：中国农业科技出版社，2001.952.

3.沙爱华，熊梁主编. 无公害大豆种植技术. 武汉：崇文书局，2009.14.

3. 长豇豆

　　长豇豆为豆科（Leguminosae）蝶形花亚科（Papilionoideae）豇豆属（*Vigna* Savi.）豇豆种（*Vigna unguiculata* (L.) Walp.）长荚豇豆亚种（*Vigna unguiculata ssp. Sesquipedalis* (L.) Verdc.）。豇豆种下有 5 个亚种，其中 3 个栽培亚种，2 个野生亚种，3 个栽培亚种分别是普通豇豆、短荚豇豆和长荚豇豆[1]。普通豇豆主要作粮用、饲用，短荚豇豆在中国种植较少，淮安地区栽培和食用的都是长荚豇豆，简称长豇豆。

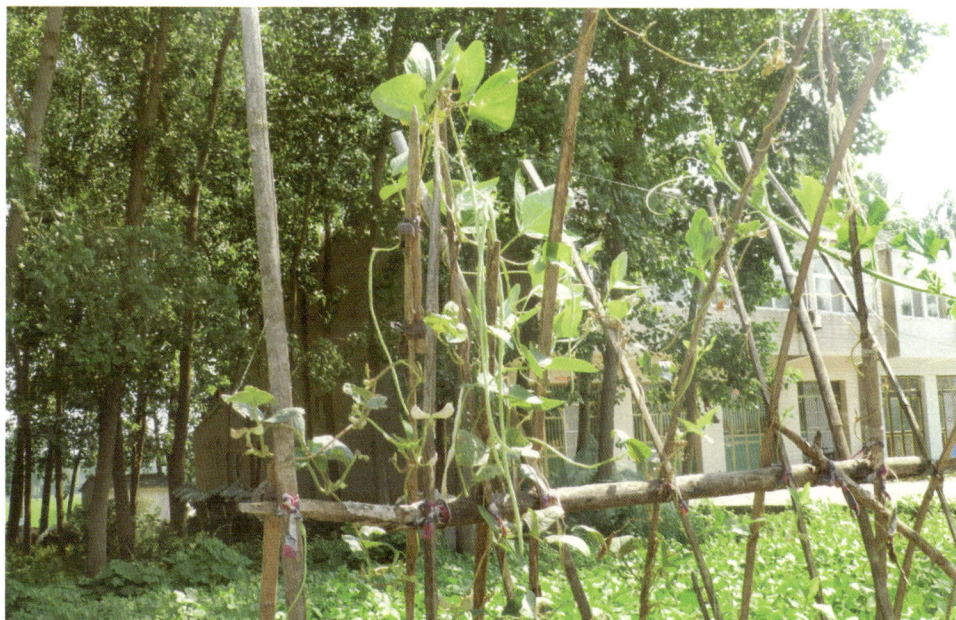

一架长豇豆，半夏菜蔬鲜

---

1. 朱德蔚，等主编. 中国作物及其野生近缘植物. 蔬菜作物卷. 下. 北京：中国农业出版社，2008. 777.

散发着乡愁滋味的长豆角干

长豇豆又称豇豆、豆角、黑脐豆、饭豆，淮安人常读其为"缸豆"、或"缸豆角子"。豇豆起源于非洲，印度是其次生起源中心，大约在公元1000多年前经古丝绸之路由印度传入中国和东南亚地区，在公元3世纪张楫所撰的《广雅》一书中已有关于豇豆的记载。菜用的长豇豆是中国的主要栽培蔬菜之一，具有重要的经济价值。

长豇豆为一年生蔓生攀援性草本，根系发达，茎多圆形，茎面有纵向槽纹，茎蔓以逆时针方向攀援，茎上有节，无卷须，节上着生叶片，有2托叶，花为蝶形花，总状花序，花梗从叶腋伸出，花朵着生在花梗顶部的花序轴上，左右互生，雄蕊为（9+1）二体雄蕊，雌蕊花柱细长，柱头倾斜，下方生有茸毛，花色有紫、黄、白等基本色及其中间色，一般每花序同时结1～2条豆荚，荚形有扁圆、旋曲、弯圆条等，圆条形最多，果荚颜色有深绿、绿、浅绿、黄绿、白、紫、红、杂色，每果籽粒不超过24粒，种皮光滑，有多种颜色。

长豇豆具有丰富的营养，除含有蛋白质、维生素等常规的营养物质外，其氨基酸组成中赖氨酸、色氨酸含量较高，可弥补其他谷物中的营养缺陷，其胰蛋白酶抑制素、血球凝集素少，不象其他豆类蛋白食用后易引进肠胃胀气。作为药用，《本草纲目》称其可"理中益气，补肾健胃，和五脏，调营卫，生精髓，止消渴，吐逆泄痢"。[1]

---

1. ［明］李时珍. 本草纲目. 刘衡如，刘山永校注. 北京：华夏出版社，2002. 1023.

长豇豆是淮安市的重要蔬菜品种，地产的长豇豆既有春夏季节的露地栽培，也有不少上规模的大棚设施栽培，原有的农家品种也比较多，如早熟的红豇豆等，现在的品种从外地引进的较多，市场上常见的有元豇 28-2B、芝豇 28-2、南京紫豇豆等。

长豇豆有多种食法，可干煸，也可与鸡肉、猪肉同烧。淮安地产的长豇豆大多荚色淡白，烧起来容易烂，市场上销售的山东豇豆青皮较多，加工时间长，口味远不如地产品种。由于淮安农户几乎家家都有几架豇豆，所以在夏季豇豆集中上市的时候，豇豆的价格往往比较低，当地的农民经常会将长豇豆水煮后晒干制成豆角干，在冬季上市销售。

4. 梅豆

梅豆为豆科（Leguminosae）蝶形花亚科（Papilionoideae）菜豆属（*Phaseolus*）菜豆种（*Phaseolus.vulgaris* L.）食荚菜豆变种（*Phaseolus.vulgaris L. var. chinesis*）。菜豆属有 30 余种，其中有菜豆、多花菜豆、莱豆、宽叶菜豆 4 个栽培种，菜豆种有 2 个变种，普通菜豆、食荚菜豆，普通菜豆主要种植种子作粮用，食荚菜豆（梅豆）主要食用其嫩荚。

梅豆[1]，又有菜豆、四季豆、芸豆、玉豆等名，其物种的学名为菜豆，淮安人一般称之为梅豆、四季豆。也有一些书籍对梅豆和四季豆进行过区分，称蔓生的架梅为梅豆，矮性

---

1. 中国古代所说的"梅豆"大多不是指嫩荚菜豆，一是"状元豆"，用黄豆、红曲、饴糖、梅子等原料加工成的一种食品；二是指梅子未成熟的果实，典出古诗"青梅如豆"。

地产四季豆

的地梅为四季豆[1]，淮安人对梅豆有架梅与地梅之分，但梅豆与四季豆两名混用。菜豆起源于中、南美洲，在16世纪传入中国。中国是普通菜豆的次生起源中心，是食荚菜豆（梅豆）的变异中心，故梅豆的学名为（*Phaseolus.vulgaris* L. var. *chinesis*）。梅豆在中国的栽培历史有300多年，比欧洲和美国要早200多年。在美国，嫩荚菜豆原来叫 *String bean*（有筋豆或多纤维豆），现在被称之为 *Snap bean*（咔嚓豆）。"咔嚓"是指在烹饪前将脆嫩豆荚折成段时所发出的声音[2]。

　　淮安本地栽培的梅豆有多种，常见的一种为蔓生的架梅品种淮安圆梅四季豆，被称作本梅豆。1982年，江苏省农业科学研究院对省内蔬菜地方品种进行了一次较为全面的调查，24个四季豆品种中，淮安圆梅四季豆经鉴定，被认为是豆类中蛋白质含量较高的品种[3]。圆梅四季豆的品种特性类似于安徽白子梅豆，植株蔓生，蔓长280～300cm，花冠白色，花序长13～15cm，每花序结果4～6个，叶绿色，三出复叶，叶面稍皱，粗糙，豆荚绿白色，荚面光滑、略扁，荚长10～15cm，喙长1cm，单荚重8～12g，上市的鲜荚纤维含量少，很容易折断，种子白色，肾形。另一种地梅与之相比，荚果长度相近，但横切面近圆形，色绿，纤维含量略高。淮安栽培的梅豆品种还有优胜者地梅、78-209蔓生菜豆、

1.张伯福，等编. 食物选购鉴别问答. 济南：山东科学技术出版社，1998. 68.

2.朱德蔚，等主编. 中国作物及其野生近缘植物. 蔬菜作物卷. 下. 北京：中国农业出版社，2008. 749.

3.江苏省农业科学院1982年研究工作简报. 1983. 237.

无筋云豆等。

夏天吃肉，不如吃豆。梅豆营养价值丰富，其籽粒蛋白质含有 8 种人体必需的氨基酸，其中赖氨酸、亮氨酸、精氨酸的含量较高。但需要注意的是，生的梅豆中含有对人体有害的皂甙和胰胆白酶抑制素，如果梅豆在加工中未完全炒熟或煮熟，容易造成食物中毒。

淮安本梅豆肉质脆嫩，加工易熟，口感好，做梅豆烧肉或干锅梅豆均是佳品。

5. 扁豆

扁豆为豆科（Leguminosae）蝶形花亚科（Papilionoideae）扁豆属（*Lablab Adans*）扁豆种（*Lablab purpureus* (L.) Sweet Hort.），扁豆属只有扁豆一种及其下的 3 个亚种。

扁豆，又称蛾眉豆、眉豆、沿篱豆、鹊豆、月亮菜，淮安有些地方称之为茶豆。扁豆原产亚洲和非洲热带地区，大约在公元三世纪的魏晋时期，传入我国。南北朝时期，陶弘景的《名医别录》已有记载，称藊豆，主要作为药用[1]。

扁豆为一年生蔓生性或矮生性草本，茎具缠绕性，多分枝，三出复叶，互生，总状花序，腋生，蝶形花，较大，白色或紫红色，子房线形，无毛，荚果扁平肥大，直形、弓形或扭曲，荚果颜色具绿、绿白、紫红或深紫色等，种子扁椭圆形，种脐白色，种脊明显。喜温暖，耐

1.张德纯. 蔬菜史话——扁豆. 中国蔬菜，2009（9）：22.

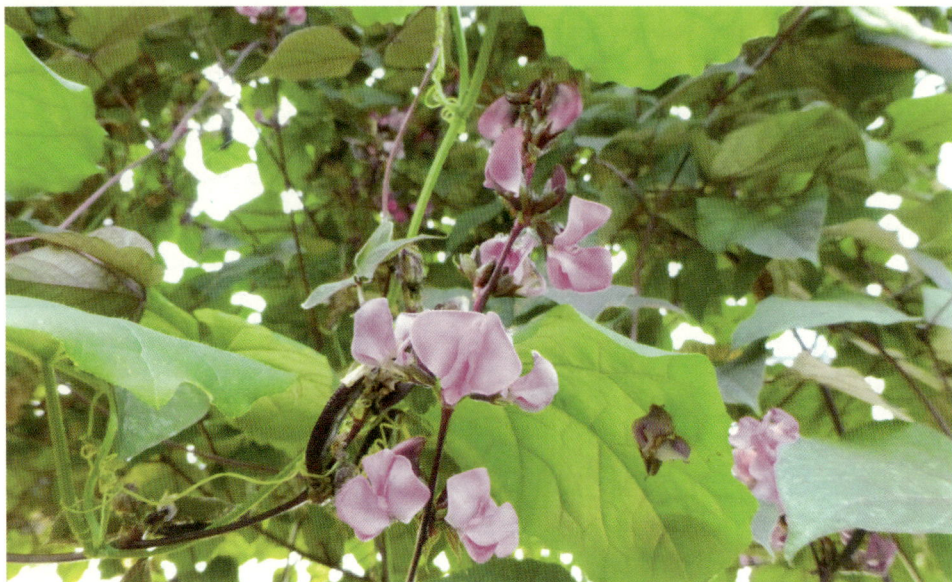

山翁相约篱边坐，扁豆花开一架香

炎热，在其嫩荚充分长大，表面刚显籽粒突起时采收[1]。淮安栽培的扁豆有紫扁豆、黑扁豆、白花扁豆、兔腿茶豆等多个品种。

扁豆嫩荚可炒食、煮食，其嫩种子中含有微量具有毒性的氢氰酸，必须加工熟透方能食用。淮安人主要的食用方法是采收嫩荚后煮制晒干成干菜食用，扁豆角干可烧肉，也可做汤，在当地均是不错的乡间土菜。

扁豆还具有重要的药用价值。《本草纲目》言白扁豆种子可"和中，下气，补五脏，主呕逆，久服头不白，疗霍乱吐利不止"。李时珍还发明了一种治疗痢疾的"扁豆花馄饨食治方"，其法是"白扁豆花正开者，择净勿洗，以滚汤瀹过，和小猪脊肉一条，葱一根，胡椒七粒，酱汁拌匀，就以瀹豆花汁和面，包作小馄饨，炙熟食之"[2]。清代淮安名医吴鞠通也擅用鲜

1.方智远，等. 中国蔬菜作物图鉴. 南京：江苏科学技术出版社，2011. 115.

2.［明］李时珍. 本草纲目. 刘衡如，刘山永校注. 北京：华夏出版社，2002. 1023-1024.

扁豆花入药，他认为"夏日
所生之物多能解暑，以扁豆
花为最"。他发明用于解暑
的"清络饮方"和"香薷饮方"
中都有鲜扁豆花成份[1]。

　　"山翁相约篱边坐，
扁豆花开一架香"。淮安栽
培的扁豆主要是蔓生类型，
常被乡民种植于篱笆或围墙
边，涟水县有"家前屋后，
种瓜种豆"的谚语。扁豆花

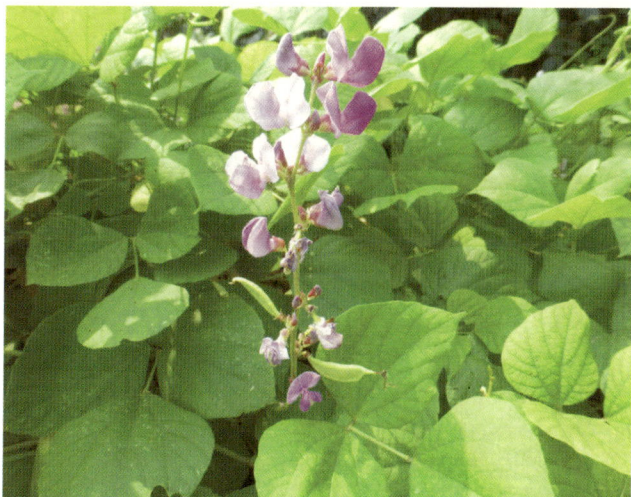

家前屋后，种瓜种豆

状如小蝶，翘尾若飞，是乡村美丽风景的重要组成部分。

6. 淮安大蚕豆

　　蚕豆为豆科（Leguminosae）蝶形花亚科（Papilionoideae）巢菜属（或称野豌豆
属 *Vicia* L.）蚕豆种（*Vicia faba* L.）。巢菜属下辖种类繁多，蚕豆是其中唯一的栽培种。

---

1. ［清］吴瑭. 温病条辨. 清嘉庆问心堂刻本. 24-25.

蚕豆又称南豆、佛豆、罗汉豆、兰花豆、竖豆。蚕豆原产中东和欧洲，后经印度传入中国，在中国最早的文献记载是在北宋，见于宋祁的《佛豆赞》和苏颂的《图经本草》[1]。因为其蚕时始熟，或因其荚状如蚕，故名蚕豆。

蚕豆按其种粒大小，可分为大粒种、中粒种、小粒种。淮安栽培的蚕豆以大粒种为多。其中，有从外地引进的牛脚扁大蚕豆、本地传统的牛头扁蚕豆，也有本地选育的淮安蚕豆新品种—淮安大蚕豆。该品种是淮安市农委高级农艺师顾忠仪在 1999 年育成。淮安大蚕豆植株高 70～78cm，荚长 20～25cm，每荚 4～6 粒，百粒鲜重 400g 左右，干重 180～200g，鲜荚出仁率 50% 以上，豆粒大而光滑，亩产鲜荚可达 1300kg[2]。与国内其他蚕豆品种相比较，淮安大蚕豆不仅产量高、品味好，而且抗倒伏、抗病、抗寒能力都比较强。国家粮食局科学研究院的比较研究显示，在国内具有代表性的 20 种蚕豆品种中，淮安大蚕豆的烹煮品质也属上乘，体现出"高膨润度、低破皮率、低煮沸损失、低硬度植、低黏度和高综合评分"的特点和优势[3]。此外，把这 20 种蚕豆所做成的粉丝品质相比较，淮安大蚕豆等 5 个品种的淀粉物理特性、糊化回生特性也最好，体现出上佳的粉丝品质[4]。

除了新品种淮安大蚕豆外，淮安区历史上特产的新城村牛头扁蚕豆也很有名。《淮安府志》载，"淮安特产牛头扁乃蚕豆翘楚，内壳发白，豆仁大而鲜绵，尤宜煮五香蚕豆和炸兰花豆"[5]。

蚕豆的营养价值很高，是一种高蛋白、高淀粉、低脂肪的食物，其蛋白质含量达 30% 左右，蛋白质所含氨基酸种类比较全面，尤以赖氨酸含量高，其维生素含量也比较高，特别是核黄素。

在中国人的饮食结构中，蚕豆既是蔬菜，也是粮食，还可加工成粉丝、粉皮、茴香豆等多种副食品。淮安人在春天最喜欢吃鲜嫩的蚕豆米（蚕豆种子去除种皮后的两片子叶）。

1.游修龄. 蚕豆的起源与传播问题. 自然科学史研究, 1993. 12（2）: 166-173.

2.顾忠仪，张进成，等. 蚕豆品种淮安大蚕豆. 中国种业, 2004（11）: 32.

3.谭斌，等. 20 种中国蚕豆的烹煮加工适用性分析. 中国粮油学报, 2009. 24（11）: 151.

4.谭洪卓，等. 20 种蚕豆淀粉物理特性、糊化回生特性与粉丝品质的关系. 食品与生物技术学报, 2010. 29（2）: 230.

5.章来福. 牛头扁大蚕豆. 淮海晚报, 2011-06-19.

蚕豆米可炒可烩，吃起来面软香滑，正如杨万里诗中所描述的那样："翠荚中排浅碧珠，甘欺岩蜜软欺酥"，是一种非常适宜老年人食用的食品。以前在蚕豆上市的旺季，淮安还有人将蚕豆的大荚剥去后，用针线将蚕豆穿成一串，煮熟后挂在小孩脖子上，让其边玩边吃。

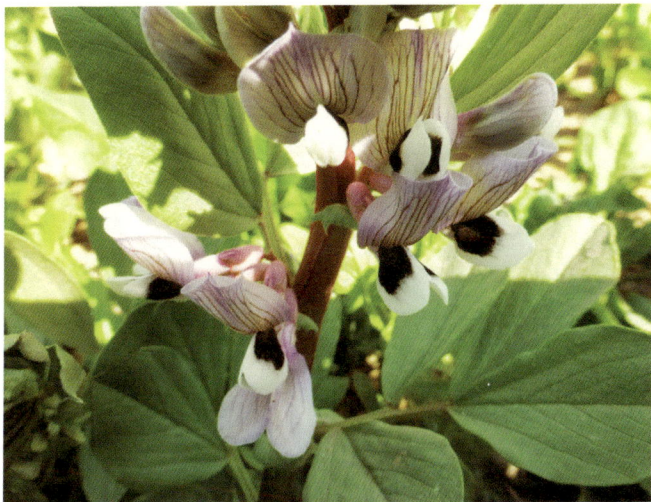
蚕豆美丽的蝶形花

第六章
瓜类蔬菜

1. 丁集黄瓜

丁集黄瓜，又称淮安黄瓜，为葫芦科（Cucurbitaceae）黄瓜属（*Cucumis* Linn.）黄瓜（*Cucumis sativus* L.）的淮安地产品种。在淮安市淮阴区丁集镇大规模种植。黄瓜属植物全球约 70 种，我国有黄瓜、甜瓜、小马泡、野黄瓜等 4 个种，以及西南野黄瓜、马泡瓜、菜瓜等多个变种。

黄瓜又称胡瓜，起源于喜马拉雅山南麓的印度北部、锡金、尼泊尔和中国的云南地区。大约 3000 年前印度开始栽培黄瓜，于公元前 122 年汉武帝时期及其后从南北两路传入中国，称胡瓜，隋代因避讳改称黄瓜。现在中国黄瓜的收获面积和总产量占世界首位，黄瓜在中国的栽培面积和总产量在国内所有蔬菜中占第三位[1]。

黄瓜为一年生攀援草本，茎、枝伸长，有棱沟，被白色糙硬毛，卷须细，不分歧，具白色柔毛，叶柄稍粗糙，叶片宽卵状心形，膜质，两面甚粗糙，被糙硬毛，3～5 个角或浅裂。雌雄同株，雄花常数朵在叶腋簇生，花梗纤细，被微柔毛，雄蕊 3 枚，花丝近无，雌花单生或稀簇生，花梗粗壮，被柔毛，子房纺锤形，果实长圆形或圆柱形，长 10～50cm，熟时黄绿色，表面粗糙，有具刺尖的瘤状突起，种子小，白色。我国各地普遍栽培，许多地区均有温室或塑料大棚栽培[2]。

黄瓜在中国的栽培品种很多，根据其栽培起源地可分为华北型、华南型、欧美型、北欧型、南亚型、小型黄瓜等类型[3]。根据黄瓜果型可分为长果密刺型、长果细刺型、中果有刺型、中果无刺型、水果型小黄瓜、腌渍类小黄瓜等类型[4]。根据这些分类标准，淮安丁集黄瓜属于华北型及长果密刺型黄瓜，栽培品种除了地方品种线黄瓜之外，主要有津优 2 号、津春 3

1.朱德蔚，等主编. 中国作物及其野生近缘植物. 蔬菜作物卷. 上. 北京：中国农业出版社，2008. 399-400.

2.中国科学院《中国植物志》编辑委员会编. 中国植物志. 第 73 卷（1）. 北京：科学出版社，1986. 205.

3.陈杏禹编著. 黄瓜高效栽培新模式. 北京：金盾出版社，2014. 05.

4.陈学好编著. 瓜类蔬菜设施栽培. 北京：中国农业出版社，2013. 05.

号、津优838等从外地引入的品种。这些品种较适合淮安南北分界线的地理与环境特点，其果实长大，膛青皮薄，肉质脆嫩香甜。

黄瓜在淮阴区丁集镇具有较长的栽培历史，主要以日光温室越冬栽培为主要形式，并通过独特的"瓜菇轮作""水旱轮作"等方式来解决连作障碍和根结线虫问题。2005年，"丁集黄瓜"通过国家绿色食品发展中心绿色食品认证，2011年"淮安黄瓜"入选农业部农产品地理标志登记产品名录，2012年，淮阴区丁集镇被确定为江苏省黄瓜产业基地。目前，丁集镇有黄瓜日光温室2000多幢，面积近7000亩，年产黄瓜8万余吨，产值超过1亿元。

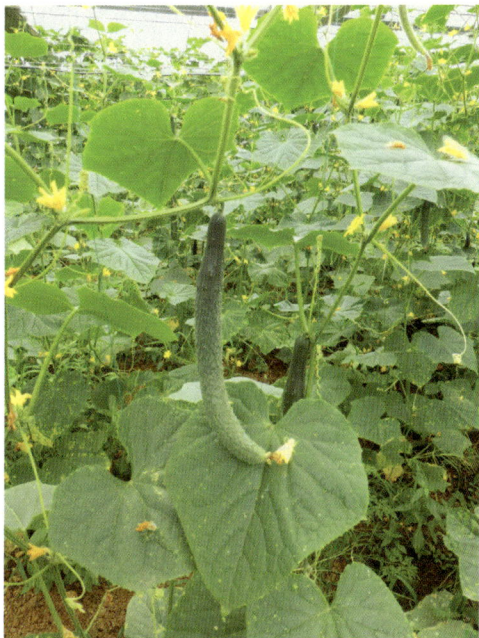

淮安黄瓜：农业部农产品地理标志产品

据淮安市农委徐冉研究员介绍，丁集黄瓜之可以创出品牌的重要原因有以下几个方面：① 引进日光温室结构的同时进行了改良，增加了防雨膜，选择了地上型。② 引进山东的技术人员驻点指导，今天山东的技术人员与日光温室黄瓜都变成了淮安的一部分。③ 在农业部的日光温室分布图上，淮安是日光温室的南临界点，为淮安黄瓜向南方的运销奠定了基础。

黄瓜具有丰富的水分和营养，每100g鲜果含水分95.8g，特别适合生食。黄瓜含有的丙醇二酸在一定程度上能抑制糖类转化为脂肪，因而具有减肥健美的功效。所含的黄瓜酶能促进机体的新陈代谢，可以褪斑嫩肤，因此其衍生产品黄瓜洗面奶、黄瓜浴液、黄瓜香波等产品也受到广泛的欢迎。黄瓜茎藤药用，还具有消炎、祛痰、镇痉等多种疗效。

2. 甜瓜

甜瓜为葫芦科（Cucurbitaceae）黄瓜属（*Cucumis* Linn.）甜瓜种（*Cucumis melo* Linn.）。甜瓜种有厚皮甜瓜、薄皮甜瓜等亚种，以及菜瓜、越瓜等变种。这几个亚种和变种淮安地区都有分布，明《天启淮安府志》中"物产"一列中就记述了甜瓜、香瓜、菜瓜、稍瓜等多个甜瓜品种，并注称"甜瓜，亦名香瓜，香瓜与甜瓜同类而异"[1]。

甜瓜的初生起源中心在非洲，次生起源中心在印度，在进化过程中，亚洲大陆的栽培甜瓜类型又可划分为3个派生的次生起源中心，即西亚栽培甜瓜次生起源中心、东亚栽培甜瓜次生起源中心（薄皮甜瓜发源地）、中亚栽培甜瓜次生起源中心（哈密瓜发源地）。甜瓜在中国栽培历史悠久，《诗经·豳风·七月》中有"七月食瓜，八月断壶"的记载，考古学者还在4000多年前的浙江吴兴钱山漾文化遗址发掘到甜瓜种子[2]。

淮安地区常见的甜瓜亚种或变种有以下几个：

薄皮甜瓜（*Cucumis melo* Linn.var. *makuwa* Makino），又称香瓜、东方甜瓜，淮安有多个品种，其中较常见的一种果肉面软

酥香软甜的薄皮甜瓜

1.［明］宋祖舜修，方尚祖纂．荀德麟，等点校．天启淮安府志．北京：方志出版社，2008.120.

2.朱德蔚，等主编．中国作物及其野生近缘植物．蔬菜作物卷．上．北京：中国农业出版社，2008.595—596.

香甜，当地人称之为"奶奶哼"，还有一种果形长圆稍弯，果皮淡绿的，当地人称"羊角酥"，果肉亦很香甜，还有一种果形卵圆，果皮具深绿色条斑的"蛤蟆酥"，也偶见栽培和销售。近来，淮阴区凌桥镇生产的黄皮"凌桥牌"香瓜也很知名，在淮安蒲皮甜瓜市场上占据较大份额。

薄皮甜瓜为一年生蔓生草本，根系发达，茎具刺毛，单叶互生，掌状或五裂，花冠钟状，黄色，瓠果按不同品种有圆形、椭圆形、卵形等多种形状，果皮亦有金黄、白色、绿色等，光滑或具棱沟，皮薄易裂，具芳香味，果肉成熟后香甜多汁，含糖量高，宜生食，幼瓜亦可腌渍。甜瓜味甘、性寒、滑，可止渴、除烦热、利小便、通三焦、治口鼻疮[1]。

厚皮甜瓜，又称洋香瓜、哈密瓜，有网纹甜瓜（*Cucumis melo* L.var.*reticulatus* Naud）、硬皮甜瓜（*Cucumis melo* L.var. *cantalupensis* Naud）、冬甜瓜（*Cucumis melo* L.var. *inodorus* Naud）等3个变种。

厚皮甜瓜：农科院孙玉东课题组育成的西甜瓜

1.方智远，等. 中国蔬菜作物图鉴. 南京：江苏科学技术出版社，2011. 139.

厚皮甜瓜为一年生蔓生草本，根系发达，茎具刺毛，生产势较旺，叶片大，叶色浅绿，中大果型，单瓜重 2～5kg，果皮较厚，有的有网纹，肉厚 2.5cm 以上，含糖量多在 12%～17%，种子较大，品质好，耐贮运，喜干燥炎热、温差大和强光照[1]。宜生食，药效同薄皮甜瓜。

淮安地区的厚皮甜瓜一直都有种植，但因为种子价格高、栽培技术不成熟等原因，栽培面积一直比较零星。在 90 年代末，厚皮甜瓜逐渐被一些外来投资者和地方科研技术人员青睐，市农科院孙玉东、农委徐冉等长期着力于淮安厚皮甜瓜种植技术的开发，并在金湖、盱眙、涟水等地推广。如 2014 年，淮安市农科院与盱眙县合作开展塑料大棚秋季哈密瓜优质高效栽培，技术人员选择抗病性好、早熟的脆肉型哈密瓜品种如雪里红、绿皮 9818、黄皮 9818、华蜜 0526 等进行栽培，采用优质立体高产高效栽培技术，每 667m^2 种植 1200～1300 株，每株结瓜 2.5～3.0kg，取得了较好的经济效益[2]。

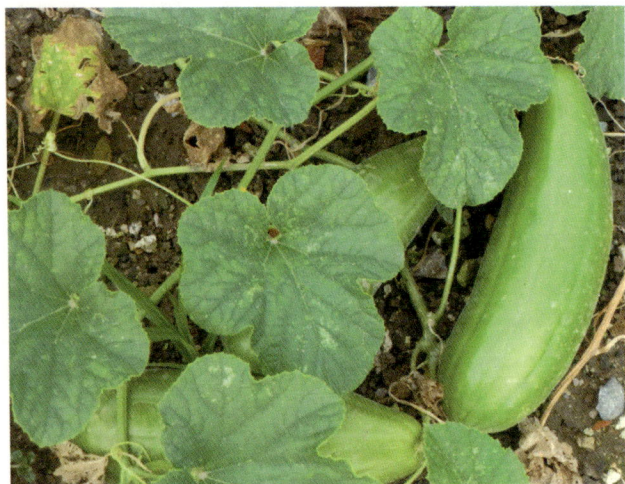

佐餐无佳味，长忆小瓜香

越　瓜（*Cucumis melo* L.var.*conomon* Makino），又称脆瓜、酥瓜、梢瓜、小瓜，为薄皮甜瓜变种。包括《中国植物志》《本草纲目》的许多文献将其与菜瓜混用[3]，淮安亦有人称其为菜瓜的，但菜瓜为蛇形甜瓜变种，肉质坚实而汁少，不堪生食，只宜腌渍或炒食食用。这一

1. 焦自高，等编著. 西瓜、甜瓜保护地栽培技术. 济南：山东科学技术出版社，2002.106.

2. 季海军，孙玉东，徐冉. 塑料大棚秋季哈密瓜优质高效栽培技术. 蔬菜，2014（5）：58

3. 元代王桢《农书》将甜瓜以其用途进行分类，称"供果为果瓜，供菜为菜瓜，菜瓜则胡瓜、越瓜是也"。所以菜瓜在古代指称更广。

点明代王世懋在《瓜蔬疏》中就加以区分，称"菜瓜，瓜之不堪生啖，而堪酱食者曰菜瓜"。[1]

越瓜为一年生蔓生草本，根系发达，茎有棱，茎蔓分枝能力强，能产生较多的子蔓和孙蔓，以侧蔓结果为主。子叶对生，真叶单叶互生，多数品种为雌雄同株异花，雄花单生或簇生，花冠黄色，一般 4～5 朵簇生于叶腋，雌花多生于子蔓或孙蔓上，果实圆筒形或棍棒形。越瓜味甘，性寒，可解酒，利二便，止渴除烦。

淮安地产的越瓜常被称作田瓜、菜瓜、小瓜，果实嫩时，果皮青绿色，肉质鲜脆，成熟时果皮黄白色，果肉酥松。笔者小时候，此种越瓜在乡村种植非常普遍，既可以作水果生食，也可以切片后凉拌作为佐餐的咸菜食用，即所谓的"小瓜菜"，若是将淮安茶馓与其一同凉拌，则是夏天非常美味的一道佳肴。

3. 淮阴早丝瓜

淮阴早丝瓜为葫芦科（Cucurbitaceae）丝瓜属（*Luffa* Mill.）普通丝瓜种（*Luffa cylindrical*(L.)M.Roem.）的淮安地方品种，丝瓜属植物约 8 种，我国栽培 2 种，另一种为广东丝瓜，又称有陵丝瓜。

丝瓜又称天罗、天罗絮、天丝瓜、洗锅罗瓜、线瓜、天吊瓜等，起源于热带亚洲，分布于亚洲、大洋洲、美洲、非洲的热带和亚热带地区。我国的丝瓜被认为是由印度传入，在

1.赵传集编. 中国蔬菜历史起源研究雏议 瓜菜篇. 山东省农业科学院情报资料研究所，1984.30-31.

昨夜疏雨过，朝觉丝瓜长：丝瓜花及其嫩果

唐以前未见记载，明李时珍在《本草纲目》中称"丝瓜，唐宋以前无闻，今南北皆有之，以为常蔬"。李时珍未注意到的是，宋代已有不少地方栽培丝瓜。宋杜北山还有《咏丝瓜》诗："数日雨晴秋草长，丝瓜沿上瓦墙生"。

丝瓜为一年生攀援性草本植物，根系发达，吸收能力强，主根入土可达 100cm 以上，茎蔓生，五棱，绿色，主蔓长达 12m 以上，分枝能力强，分节有分歧卷须，叶为掌状裂叶，多数 3～7 裂，叶色淡绿至深绿色，雌雄异花同株，花冠黄色，雄花序总状，雌花单生，子房下位，瓠果棒形或圆筒形[1]。

国内的丝瓜品种中有许多品种来自江苏，如淮阴早丝瓜、五叶香丝瓜、江蔬 1 号丝瓜等。淮阴早丝瓜为一种棒形丝瓜，耐寒性强、早熟、丰产、抗病，常用作日光温室冬春茬丝瓜栽培选用，栽培时一般于 9 月下旬播种育苗，10 月下旬定植于温室，12 月初至翌年 6 月份陆续采收，供应市场[2]。淮阴早丝瓜果实短棒状，长 10～18cm。宽径 3～4cm，肉色白，肉质饱满细嫩。

淮安地区除了适合大棚栽培的淮阴早丝瓜外，农户普遍有在家前屋后篱笆、绿架上种植露天丝瓜的习惯，丝瓜喜雨喜湿，在夏季生长快，结果迅速，一场夏雨过后，各家屋前常常天罗盈门，具有非常好的生态效应。

---

1. 朱德蔚，等主编. 中国作物及其野生近缘植物. 蔬菜作物卷. 上. 北京: 中国农业出版社，2008.512-514.
2. 陈沁滨，南海，等著. 生态温室蔬菜高效栽培技术. 北京: 中国农业出版社，2005.90.

丝瓜具有丰富的营养价值和药用价值，丝瓜每100g鲜果含碳水化合物4.2g、蛋白质1.0g、脂肪0.2g、粗纤维0.6g、胡萝卜素90μg、硫胺素0.02mg、核黄素0.04mg、尼克酸0.4mg、维生素C5mg。《本草纲目》称其瓜嫩时煮食，可"除热利肠"，果实老时药用，可"去风化痰，凉血解毒，杀虫，通经络，行血脉，下乳汁，治大小便下血"等，其叶主治癣疮，其藤根亦可"杀虫解毒"，治"喉风肿痛"[1]。除了其果实可以食用外，其花苞、嫩叶、卷须，也可作蔬菜食用。

丝瓜果叶均具有特殊的气味，这种气味具有一定的驱虫效果，故丝瓜在种植中一般不需要喷洒农药，在夏季虫害比较严重的时候，选择丝瓜作为烧汤作羹的食材，比青菜更为安全。

丝瓜不仅作为蔬菜具有重要的价值，近年来，丝瓜果实成熟后的丝瓜络也被开发成为重要的工业原料，被用来制作厨房餐具的清洗、沐浴用品，用作制作鞋垫、拖鞋以及汽车挡风玻璃磨光材料、滤油材料等。

4. 苦瓜

苦瓜属葫芦科（Cucurbitaceae）苦瓜属（*Momordica*）苦瓜种（*Momordica charantia* L.），又有凉瓜、癞瓜、锦荔枝、癞葡萄等名。淮安人一般把果形为长圆筒形的苦瓜称苦瓜，

---

1. ［明］李时珍. 本草纲目. 刘衡如，刘山永校注. 北京：华夏出版社，2002. 1143–1145.

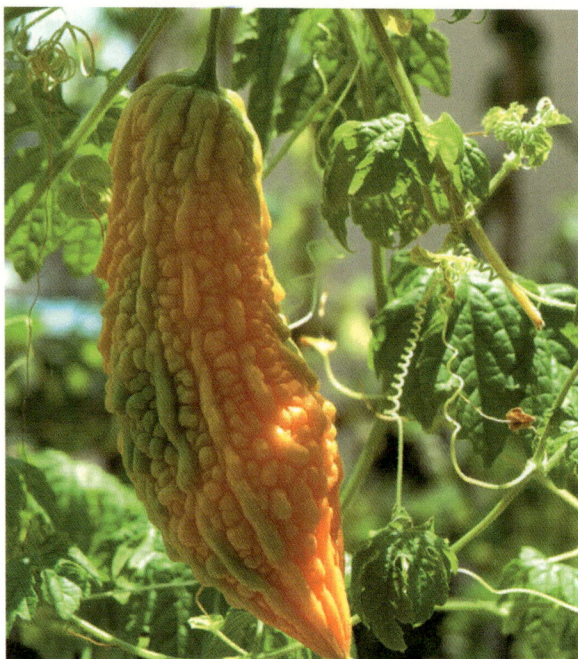

锦荔枝，癞葡萄

果形为纺锤形，成熟后表皮橙黄色或橙黄色的称癞葡萄。

苦瓜原产亚洲热带地区，广泛分布于亚洲热带、亚热带和温带，最早在印度、日本和东南亚栽培，约于南宋时传入中国。一开始人们主要采食成熟苦瓜的内瓤，明《救荒本草》称其"内有红瓤，味甘，采黄熟者吃瓤"，后来人们才取其嫩果为蔬。苦瓜具有较强的耐热性，耐高温高湿，病虫害少，种植容易，十分适合作为无公害蔬菜栽培。

苦瓜为一年生攀援性草本植物，根系发达，茎蔓生，具五棱，浓绿色，被茸毛，卷须单生，主蔓细长，可达 3～4m，分枝能力强，叶面光滑，绿色，叶脉放射状，雌雄同株异花，植株一般先发生雄花，后发生雌花，雄花花萼钟形，花瓣 5 片，黄色，具长花柄，雄蕊 3 枚，分离，雌花 5 瓣，黄色，子房下位，浆果表面有许多明显的不规则瘤状突起，嫩果的皮色有白色、绿色、白绿色等，成熟后转变为橙黄色或橙红色，瓜瓤为血红色，种子盾形，扁平。

苦瓜为食药兼用的蔬菜，清王士雄《随息居饮食谱》称苦瓜"青则苦寒涤热，明目清心，熟则养血滋肝，润脾补肾"。其嫩果中维生素 C 含量是黄瓜的 14 倍、番茄的 7 倍，其果实和种子中含有苦瓜甙、苦瓜素，具有降低血糖的作用，其中的一些活性成份还有抗癌作用[1]。

1.朱德蔚，等主编. 中国作物及其野生近缘植物. 蔬菜作物卷. 上. 北京：中国农业出版社，2008. 537-538.

淮安地区的苦瓜栽培历史悠久，许多农户家有半野生的癫葡萄栽种。明《天启淮安府志》记述了苦瓜，但称其"不堪食，可制药"[1]。清《乾隆淮安府志》再次记述苦瓜时，开始称其"名锦荔枝，瓤甘可食"了[2]。近年来，除了从浙江引进了东方清秀苦瓜等品种外，淮安市农科院专家还先后育成了淮农长绿1号和淮农长白1号苦瓜新品种，并发展了早春大棚苦瓜高效栽培技术[3]和苦瓜大棚秋延后高产栽培技术[4]。淮农长绿1号苦瓜具有早熟、丰产、稳产的特点，其果腔小、果肉脆嫩、品质好[5]，值得进一步推广。

5. 淮安北瓜（笋瓜）

淮安北瓜是葫芦科（Cucurbitaceae）南瓜属（*Cucurbita L.*）笋瓜（*Cucurbita maxima* Duchesne ex Lam.）的淮安地方品种。南瓜属植物约30种，我国栽培3种，即南瓜、笋瓜、西葫芦（又称美洲南瓜 *Cucurbita pepo* L.）。笋瓜又有印度南瓜、北瓜、玉瓜等名。

笋瓜起源于南美洲的安第斯山山麓，被欧洲人带到了印度，继而经缅甸传入中国云南，其传入稍后于南瓜，又在西北和华北栽培较多，故名北瓜。北瓜之名在中国古代使用比较混乱，有时指称某种南瓜，有时指称笋瓜和西葫芦，还有时指称西瓜中的打瓜，为避免混淆，1988年颁布的国家标准 GB8854-1988《蔬菜名称（一）》中就采用笋瓜作为北瓜的正式名称[6]。北瓜在使用中有时指笋瓜，有时指笋瓜中的部分品种。

---

1. ［明］宋祖舜修. 方尚祖纂. 天启淮安府志. 荀德麟，等点校. 北京：方志出版社，2009.120

2. ［清］卫哲治，等修. 叶长扬，等纂. 乾隆淮安府志. 荀德麟，等点校. 北京：方志出版社，2008.1256.

3. 赵建峰，王伟中，孙玉东，等. 淮北地区早春大棚苦瓜高效栽培技术. 上海蔬菜，2011（5）：71.

4. 赵建峰，王伟中，孙玉东，等. 淮安地区苦瓜大棚秋延后高产栽培技术. 长江蔬菜，2013（15）：17.

5. 赵建峰，孙玉东，等. 淮农长绿1号苦瓜. 蔬菜，2012（1）：26-27.

6. 阿蒙. 时蔬小话. 商务印书馆，2014.206-207.

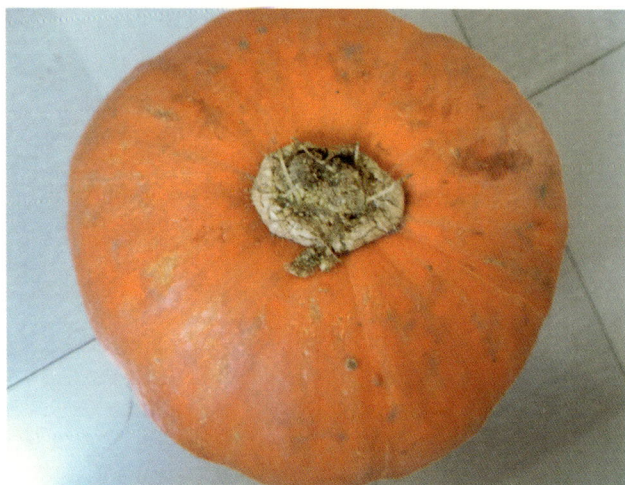
圆形笋瓜

笋瓜为一年生蔓生草本，根系发达，生长迅速，茎近圆形，叶软有毛，圆形或心形，缺裂极浅或无，花冠裂片柔软，向外下垂，萼片狭长，花蕾开放先端成截形，果梗短，圆筒形，基部不膨大，果实表面平滑，成熟果实无香气，含糖量较少，种皮边缘色泽与中部同，种子较大，种脐歪斜。笋瓜做菜，一般以炒食为主，也可烧、蒸、煮等，也可作馅料和食品雕刻的原料。

笋瓜的品种依皮色分为白皮、黄皮及花皮，按大小分为大笋瓜和小笋瓜，长江流域常用的品种有南京的大白皮笋瓜、小白皮笋瓜、安徽的白笋瓜、淮安的北瓜等[1]。

"淮安的北瓜"在《中国烹饪文化大典》《烹饪原料与加工技术》等书籍中被列作长江流域常用的笋瓜品种，明代的《天启淮安府志》对其对有所记述，称北瓜"状似匏瓜，色同西瓜"，这里记述的应当的一种花皮品种。民国《泗阳志》也有对淮安附近"北瓜"的记述，称"北瓜，亦云白瓜，茎叶结实亦类冬瓜，惟皮色白耳"，据专家考证，此处的"北瓜"实际上就是笋瓜[2]。

笋瓜与南瓜非常相似，总体上而言，南瓜大而笋瓜小，最简易的区分方法是看其瓜柄和瓜蒂，笋瓜果柄无棱槽，瓜蒂不扩大或稍扩大，而南瓜果柄有槽，棱不发达，瓜蒂嵌入果

1.吴邦良，等编著. 实用园艺手册. 合肥：安徽科学技术出版社，1999. 198.
2.李昕升，王思明. 再析"北瓜". 农业考古，2014（6）：249.

肉内，张开成喇叭状[1]。

笔者在淮安市场上偶然见到有一些乡农销售自己种植的笋瓜，但数量不多。

6. 南瓜

南瓜属葫芦科（Cucurbitaceae）南瓜属（*Cucurbita* L.）南瓜种（*Cucurbita moschata*（Duch ex Lam.）Duch.ex Poiret），又有中国南瓜、倭瓜、番瓜、饭瓜等名称。南瓜种内分圆南瓜（*Cucurbita moschata* var.*melonae formis* Bailey）和长南瓜（*Cucurbita moschata* var.*toonas* Mak.）2个变种。淮安地产的南瓜有狗睡觉番瓜、吊白瓜等品种[2]。一般乡民将贴地蔓生的长南瓜称为番瓜，将接架攀援生长的长南瓜称为吊瓜，将圆南瓜称为南瓜。

南瓜虽称中国南瓜，但它与印度南瓜（笋瓜）、美洲南瓜（西葫芦）一样，都是起源于中南美洲。在中国的文献中始见记载南瓜的是元明之际贾铭的《饮食须知》一书，称"南瓜，味甘，性温"。《本草纲目》称"南瓜种出南番，转入闽、浙，今燕京诸外亦有之矣"。[3]不过著名考古学家卫聚贤认为南瓜在唐宋时期已从美洲传入中国，所依据的理由是出土的许多唐、宋磁器、漆器中都有南瓜造型，其中也有淮安宋墓出土的南瓜型漆器[4]。这个说法如果成立，则中国人在哥伦布之前就去过美洲。南瓜适应能力强，引入中国后几乎在全国各地

1.李宏庆主编. 华东种子植物检索手册. 上海：华东师范大学出版社，2010. 114.

2.《清河区志》编纂委员会编. 清河区志. 南京：江苏古籍出版社，2003. 255.

3.［明］李时珍. 本草纲目. 刘衡如，刘山永校注. 北京：华夏出版社，2002. 1141.

4.卫聚贤著. 中国人发现美洲. 昆明：说文书店，1982. 505-506.

秀色可餐的圆南瓜

都有种植，许多地区都有适合本地种植的地方品种。

南瓜为一年生蔓生或丛生草本，根系非常发达，茎五菱有沟，其表面有粗刚毛或软毛，茎节易生须根和卷须，叶片较大，互生，掌状，雌雄同株异花，花蕾呈圆锥状，花筒广平开权，花冠裂片大，多网状脉，雌花萼片大，呈叶状，雄花萼筒下多紧缢，花冠多翻卷呈钟状，雌花子房下位，柱头 3 枚，雄蕊 5 枚，合生成柱状，花粉粒大，花梗细长，果实由花托和子房发育而成，果形和果皮颜色多样，果梗细长，硬，有本质条沟，全五棱形，与果实接触处显著扩大成五角形梗座，种子近椭圆形，白色至黄褐色[1]。

南瓜营养价值丰富，除含有多种维生素、矿物质外，其胡萝卜素含量每 100g 鲜果达 1.1mg 以上，还含有南瓜果胶、戊聚糖、甘露醇、葫芦巴碱等调节人体新陈代谢的有益成份，南瓜子也具有重要的药用价值，有驱虫、下乳、健脾、利水之功效。南瓜食用方法多样，老嫩皆可，淮安人也常取其嫩梢及其上的嫩叶食用。

南瓜在淮安具有较长的栽培历史，明《万历宿迁县志》有对南瓜的记载。明《天启淮安府志》记述了淮安出产的多种瓜类，如西瓜、甜瓜、菜瓜、稍瓜、王瓜、冬瓜、南瓜、北瓜、

1.朱德蔚，等主编. 中国作物及其野生近缘植物. 蔬菜作物卷. 上. 北京：中国农业出版社，2008.470-471.

贫时无它食，顿顿吃番瓜

番瓜（南瓜之异名同种）、苦瓜等，在"番瓜"条注："皮似甜瓜，状似葫芦。"[1] 明吴承恩《西游记》第 11 回有李世民招刘全去阴间向十代阎王进献南瓜的故事，民间也流传着吴承恩为何写这个故事的有趣传说[2]。周恩来总理小时候在淮安亲自种过南瓜，新中国成立后还问来自家乡的亲人，淮安"是不是还有许多人吃南瓜？"[3]

淮安南瓜少有大规模栽培，多是村民在其家前屋后的空地或篱笆、藤架上栽种，南瓜产量高，一般不用施肥，不用喷洒农药，是农家菜的主要来源，也是构成乡土景观的重要组成。

1.［明］宋祖舜修. 方尚祖纂. 天启淮安府志. 荀德麟，等点校. 北京：方志出版社，2009. 120.

2.《聊斋志异》中也有一则"刘全"的故事，写刘全献瓜的像塑在城隍庙中，中国有些地方在冬至这个"鬼节"要吃南瓜才能辟邪。奇怪的是，西方的万圣节这个与魔鬼有关的节日也要挂南瓜灯。

3.金德华，等编著. 人民的好总理 周恩来纪念馆. 北京：中国大百科全书出版社，1998，14.

在笔者少时，夏秋季节早晚最常吃的是山芋稀饭或南瓜稀饭，午餐最常吃的便是蒜煮南瓜贴玉米面饼。

7. 冬瓜

冬瓜属葫芦科（Cucurbitaceae）冬瓜属（*Benincasa Savi*）冬瓜种（*Benincasa hispida* Cogn.）。冬瓜属只有冬瓜 1 种和 1 变种（称节瓜）。

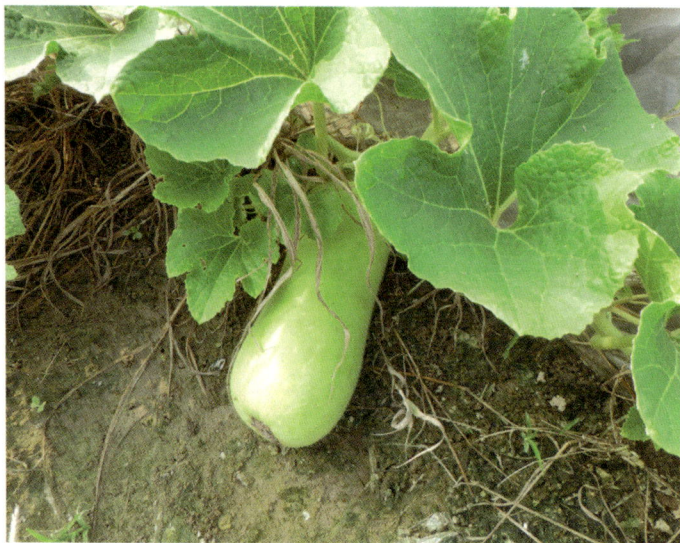

原产中国的粉皮冬瓜

冬瓜还有东瓜、水芝等别称，其起源地有不同的说法，多数认为其起源于中国和印度，也有的学者认为粉皮冬瓜为中国原产，青皮冬瓜为非洲原产。2200 多年前的《神农本草经》有关于冬瓜子药用的记载。

冬瓜为一年生蔓

生或架生草本，茎被黄褐色硬毛及长柔毛，有棱沟，叶柄粗壮，叶片肾状近圆形，5～7浅裂或有时中裂，表面深绿色，稍粗糙，背面粗糙，灰白色，卷须2～3歧，被粗硬毛和长柔毛，雌雄同株，花单生，雄花冠黄色，辐状，雄蕊3枚，离生，雌花梗密生粗硬毛和长柔毛，子房卵形或圆筒形，密生黄褐色茸毛，柱头3，果实长圆柱形或近球形，大型，有硬毛和白霜，种子卵形，白色或淡黄色[1]。

冬瓜营养丰富，还具有很重要的药用、保健及美容功能。《本草纲目》称白冬瓜主治"小腹水胀，利小便，止渴，解毒，益气耐老，除心胸满，去头面热"；其瓜练（瓜瓤）"绞汁服，止烦躁热渴，利小肠，治五淋"，用于"洗面澡身，去汗渍，令人悦泽白皙"；白瓜子"令人悦泽好颜色，益气不饥，除烦满不乐，可作面脂"；瓜皮"可作丸服，亦入面脂"；叶"治肿毒，杀蜂，疗蜂叮"[2]。

冬瓜的品种很多，根据其外果皮颜色和蜡粉有无，可分为青皮冬瓜（无粉冬瓜）和粉皮冬瓜（有粉冬瓜）两类。淮安地产的冬瓜大多为粉皮冬瓜，市场上销售的却以青皮冬瓜为多。

冬瓜在淮安栽培历史也比较长，但大规模栽培不多，多是村民在其家前屋后的空地上栽种。淮安民间有些涉及冬瓜的谚语，正体现出乡民种植冬瓜的经验，如"风摆葫芦，自大冬瓜"，说的是冬瓜种植简易。"风凉茄子矮冬瓜，山芋行里夹芝麻"，说的是冬瓜喜湿，适合在低地栽培。"熟土山药生土豆，冬瓜千万不要厚"，说的是冬瓜种子种下去不用覆土太厚。

冬瓜的食用方法多种，不仅可以煮食，还可加工成瓜酱、瓜脯。涟水民间常将冬瓜与黄豆一同腌制，所制成的冬瓜酱为佐餐之佳品。

1.中国科学院《中国植物志》编辑委员会编. 中国植物志. 第73卷（1）. 北京：科学出版社，1986.198.

2. ［明］李时珍. 本草纲目. 刘衡如，刘山永校注. 北京：华夏出版社，2002.1140-1141.

8. 西瓜

西瓜属葫芦科（Cucurbitaceae）西瓜属（*Citrullus Schrad*）西瓜种（*Citrullus lanatus* (Thunb.)Matsum et Nakai）。西瓜属共有 4 种，即西瓜、药西瓜、缺须西瓜和诺丹西瓜。西瓜种下又分为毛西瓜、普通西瓜、黏籽西瓜 3 个亚种，普通西瓜亚种下又有普通西瓜、科尔多凡西瓜、籽西瓜 3 个变种。淮安地区栽培和食用的西瓜属普通西瓜亚种普通西瓜原变种。

西瓜又称水瓜、寒瓜，最早起源于热带非洲，古埃及五六千年前就有西瓜栽培的记录，我国西瓜应是通过陆上丝绸之路引入，新疆地区的西瓜种植可追溯到隋唐时期，北宋《清明

棉花庄小西瓜

上河图》已有西瓜摊的画面[1]。中国的西瓜栽培面积目前占世界首位。

西瓜为一年生蔓生草质藤本，茎、枝粗壮，具明显的棱沟，被长而密的白色或淡黄褐色长柔毛，卷须较粗壮，具短柔毛，叶柄粗，叶片纸质，三角状卵形，雌雄同株，

市农科院的西瓜育种基地

雌雄花均单生于叶腋，雄花密初黄褐色长柔毛，花萼筒宽钟形，花冠淡黄色，外面带绿色，被长柔毛，雄蕊 3 枚，近离生，雌花子房卵形，柱头 3 枚，肾形，果实大型，近于球形或椭圆形，肉质、多汁，果皮光滑，种子多数[2]。

淮安地处中国南北分界线，以砂质土壤为主，昼夜温差大，比较适合西瓜栽培，西瓜在淮安的种植历史也比较悠久。明正德、天启《淮安府志》"物产"一项中均有西瓜记述，清乾隆《淮安府志》"物产"中还称 "西瓜，钵池山者最佳"。但淮安规模化种植西瓜的历史并不长，进入 21 世纪以来，才逐渐在淮阴区棉花庄和淮安区南马厂（现划归清河新区）形成了 2 个比较大的种植基地。所注册的"兴棉牌"和"南马厂牌"商标都获评淮安市名特优产品，这两个地方出产的西瓜因为香甜可口，品质优良已获得了淮安人的认可和好评，其价格一般也比外地运入的西瓜高。

淮安种植的西瓜品种比较多，口感比较好的有早佳 -8424.5441. 东洋一特、小兰、丰

1.吴敬学，等. 中国西瓜产业经济研究. 北京：中国农业出版社，2013.19-20.

2.中国科学院《中国植物志》编辑委员会编. 中国植物志. 第 73 卷（1）. 北京：科学出版社，1986.201.

乐一号、新金兰等[1]，以早佳 -8424 种植最为普遍。近年来，淮安市农科院也结合地方西瓜优秀种质资源，育成了淮蜜 2 号、苏梦 1 号、苏梦 2 号等西瓜新品种。其中淮蜜 2 号小型西瓜肉质脆、汁多爽口、风味好，又具有抗逆性强、早熟等特点[2]，值得进一步推广栽培。就在不久前，孙玉东等人又育成了苏梦 5 号、苏创 4 号两个西瓜新品种，目前主要在清浦区武墩种植，综合品质非常不错。

西瓜既是水果，也是蔬菜，市场需求量大，从笔者了解的情况看，目前淮安市上市的西瓜在春末夏初以本地瓜为主，整个夏秋季节则以外地瓜为主。与外地西瓜相比，淮安的多为春季保护地早熟品种栽培，一般 5 月上中旬即上市。当地西瓜的优势一是新鲜，二是品质安全有保证，所以市民一般愿意选择购买当地的西瓜食用。从这一点上来说，淮安市西瓜产业还有很大的发展潜力。

9. 瓠瓜

瓠瓜属葫芦科（Cucurbitaceae）葫芦属（*Lagenaria*）瓠瓜种（*Lagenaria siceraria* (Molina)Standl.）。葫芦属共有 6 种，我国只有瓠瓜 1 个栽培种，此栽培种有瓠子、长颈葫芦、大葫芦、细腰葫芦、观赏葫芦（小葫芦）等 5 个变种。淮安当地栽培作蔬菜的以瓠子为主，长颈葫芦、大葫芦、细腰葫芦在乡村栽培也比较多，嫩时作蔬菜食用，老时大葫芦可剖开作瓢，

1. 宋春香，卢飞. 淮安市大棚西瓜品种比较试验. 现代农业科技，2009（4）：31.
2. 罗德旭，孙玉东，等. 淮蜜 2 号西瓜. 蔬菜，2013（12）：55-56。

细腰葫芦和长颈葫芦可作为装植物种子的器皿。

瓠瓜又名扁蒲、葫芦、蒲瓜、夜开花，古称瓠、壶卢、匏[1]。瓠瓜原产赤道非洲南部低地，但在我国栽培甚早。距今7000余年的浙江河姆渡遗址有葫芦种子发现，在江苏连云港等地，也发现西汉时的葫芦种子。新石器时代的陶壶及甲骨文中的象形文字中也有与瓠瓜相关的图案，《诗经·豳风·七月》中有"七月食瓜，八月断壶"之句，所谓"断壶"就是采摘"壶卢"（葫芦）[2]。

1.古称中瓠指瓠子，匏指大葫芦，蒲卢为细腰葫芦，悬壶为长颈葫芦，其实各有所指，与现代的变种分类颇有一致之处。

2.张德纯. 蔬菜史话—瓠瓜. 中国蔬菜，2009（1）：47.

瓠瓜为一年生攀援性草本植物，根系浅，茎蔓生，表面有5条纵棱，密被茸毛，单叶互生，心脏形或近圆形，叶面大而柔软，花一般单生，钟形，花瓣白色，瓠果短圆柱形、长圆柱形或束腰形，嫩果绿、淡绿或有绿色条斑，被茸毛，种子扁平，白色或灰白色，种子较厚[1]。

瓠瓜营养丰富，还具有一定的药用价值，可"治心热，利小肠，润心肺，治石淋"。以其嫩果作蔬菜，去皮后全果可食用，果肉洁白，质地柔软多汁，略有甜味，宜于做汤料，也可作馅心料，烧、炒、烩皆可。其嫩苗、嫩叶在西非国家也作蔬菜食用[2]。淮安人瓠瓜的吃法有素炒、凉拌、烧汤等多种。瓠瓜作汤，汤色清润，香甜宜人。瓠瓜切碎后拌以少量面粉，油炸为素圆子，滋味也相当不错。

市场上销售的瓠瓜一般滋味稍甜，但经常有买到苦的瓠瓜，此类瓠瓜含有苦味且对人体有害的葫芦贰，最好不要食用。瓠瓜变苦是古今皆有的现象，遗传学家发现这是因为不同品种之间杂交而导致苦味基因的表达失去抑制而出现的返祖现象[3]。

10. 佛手瓜

佛手瓜属葫芦科（Cucurbitaceae）佛手瓜属（*Sechium* P. Browne）佛手瓜种（*Sechium edule*(Jacq.) Sw）。此属只有1种。

佛手瓜还有合手瓜、梨瓜、香橼瓜、佛掌瓜、万年瓜、拳头瓜、瓦瓜等多种别称，原

---

1. 方智远，等. 中国蔬菜作物图鉴. 南京：江苏科学技术出版社，2011. 153.

2. 郭本功. 保健佳蔬—瓠瓜. 上海蔬菜，2005（2）：77.

3. 张谷曼. 瓠瓜变苦是一种返祖现象. 福建农业科技，1979（1）：51.

产南墨西哥、中美洲和西印度群岛，在 19 世纪传入我国，清道光二十八年（1848 年）刊行的《植物名实图考长编》中已有著录[1]。原来主要在长江以南栽培，上世纪 90 年代以来，北方各省逐渐引种成功，据笔者调查，淮安市涟水等地偶见栽培。

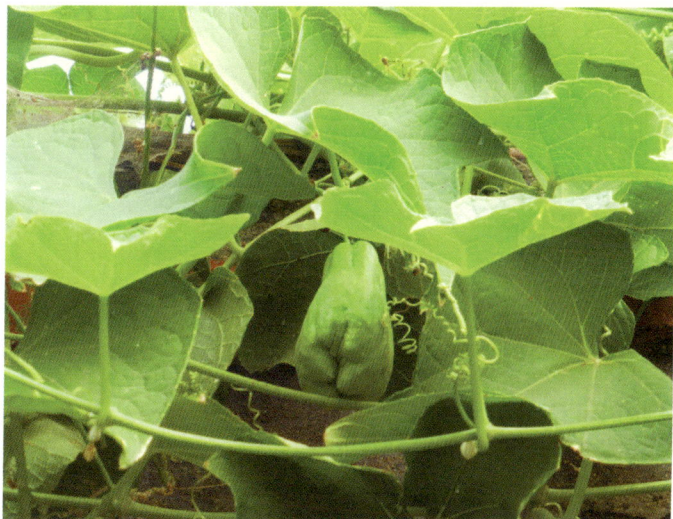

缘结玲珑香佛手：涟水石湖生产的佛手瓜

佛手瓜为多年生宿根攀援性草本植物，北方也可作一年生露地栽培，根有弦丝状须根和块根，茎蔓生，分枝强，主蔓可达 10m，几乎每节上都有分枝，分枝级数多，茎蔓上有纵沟，密生茸毛。卷须发达，与叶对生，攀缘性强，叶掌状五角形，花较小，淡黄色，雌雄同株异花，雄花出现较早，总状花序，花冠、萼片 5 裂，雄蕊 5，雌花单生，花柱联合，柱头头状，子房上位，密被茸毛，果实成熟时脱落，果实近梨形，如双手合掌形，上有五条纵沟，果实无后熟及休眠期，种子卵形，扁平，无休眠期，果实成熟后如不采收，就会直接从果实中萌发，称为"胎萌"，种皮和果肉紧密贴合，难以分离，种果应整个果实贮藏[2]。

佛手瓜营养价值丰富，其嫩果清脆多汁，味美可口，其嫩梢和块根亦可食用，其嫩梢

1.方智远，等. 中国蔬菜作物图鉴. 南京：江苏科学技术出版社，2011. 154.

2.冯洋，等编. 特种蔬菜栽培技术（下）. 呼和浩特：远方出版社，2005. 205-207.

在台湾称"龙须菜"。由于在栽培中不用使用农药，佛手瓜是一种非常值得推广的无公害绿色蔬菜。佛手瓜苗期很长，一般在大棚中育苗，旺盛生长期种用大棚骨架爬蔓，大棚时值炎夏空茬时间。后期，佛手瓜采收后，大棚可定植越冬蔬菜。

淮安目前蔬菜大棚较多，许多大棚在夏季闲置，如能利用此空闲期在骨架上进行佛手瓜立体栽培，当有非常不错的效益。

第七章
茄果类蔬菜

淮安红椒

苏椒

月塔牌朝天椒

茄子

1. 淮安红椒

淮安红椒为茄科（Solanaceae）辣椒属（*Capsicum*）辣椒种（*Capsicum annuum* L.）长辣椒变种（*Capsicum annuum* L.var.*lonum* Bailey）中的淮安地方种植品种，成熟后果实为红色。辣椒属植物大约有 20 余种，主要分布在南美洲，我国有栽培和野生各 1 种，栽培种为辣椒，野生种为小米辣（*Capsicum frutescens L.*）。

辣椒原产于中南美洲热带地区的墨西哥、秘鲁、玻利维亚等地，现在世界各国普遍栽培。辣椒大约在明代传入中国，明高濂的《草花谱》（1591 年）首次记载，称之为"番椒"。一开始，辣椒进入我国主要作为园艺观赏植物，至 18 世纪才进入蔬谱。现在中国已成为世界上最大的辣椒生产国[1]。由于长期人工栽培，杂交育种导致辣椒栽培品种繁多。一般根据果实生长的状态、形状和大小、辣味的程度而划分为菜椒、长辣椒、朝天椒、樱桃椒等多个变种。

淮安在 1950 年曾有一种早熟的"淮安小叶椒"品种被收入国家种质资源库，现在栽培的辣椒品种和类别则非常繁多，影响较大的为淮安红椒。淮安红椒为一年生植物，植株高度 60～150cm，茎无毛，叶互生，花单生，花萼杯状，花冠白色，果梗较粗壮，俯垂，果实粗牛角形，顶端一般不弯曲，果长 13～20cm，果肩宽 3～8cm，果皮光滑，果肉厚，未成熟时绿色，成熟后成水红色，微带淡黄，甜，辣味较淡。

淮安红椒最早在清浦区的黄码乡种植，该乡从上个世纪 80 年代开始就进行辣椒的规模化种植，形成了一整套较为成熟的栽培技术，所生产的红椒色泽喜庆、肉中带润、大小适中、辣味适度、富含维生素 C，可生食，适于炒食和花色搭配，耐储运，货架期长，多年来在全

---

1. 彭世奖. 中国作物栽培简史. 北京：中国农业出版社，2012. 226.

国市场销量很大，且深受广大消费者的欢迎。上个世纪 90 年代就申请注册了"黄码红椒"品牌。2008 年，又新注册"淮安红椒"品牌，2010 年 3 月，"淮安红椒"获得"中华人民共和国农产品地理标志登记"，继而还获"江苏省名牌农产品""淮

越来越红的淮安红椒

安市名牌商标""2011 消费者最喜爱的中国农产品区域公用品牌"等称号 [1]，2014 年，淮安市辣椒协会持有的"淮安红椒"被认定为"中国驰名商标"。与湖南、四川等地的辣椒相比，淮安红椒的径（辣椒中部直径）、长（辣椒长度）都比较大，而辣椒素含量却比上述两地的品种要低 15% ~ 20%。近年来，淮安红椒的销售价格也在不断上涨，比普通红椒高出 0.4 ~ 0.6 元 /kg [2]。

　　淮安红椒是江苏省第一个成功注册的设施蔬菜地理标志产品。与其他地方特色蔬菜不同的是，淮安红椒并不是当地选育的某一单独长辣椒品种，而是依托淮安市中国南北分界线独特的地理环境及气候条件，选择国内外品质佳，在本地表现好的红椒品种在淮进行改良，并通过独特且标准化的种植技术规程而生产的红椒。淮安红椒的品种大都是厚皮长牛角椒类型，早期品种来源于河南。在生产过程中，相继改良的红椒品种有绿源二号、新汴椒一号、

---

1. 徐玲玲，陆彦平. 淮安红椒越来越"红". 淮安日报，2013-3-26.

2. 徐慧，蒋功成. 淮安红椒产业发展对地方特色蔬菜资源开发的启示. 现代农业科技，2014（13）：111.

魁苗六号、超越 2009 等品种，引进了宁研一号、中华巨龙、新秀大红泡等新品种。早在 20 世纪 80 年代，清浦区黄码乡就采用"三膜二帘"（地膜、中棚膜、大棚膜、中棚帘、大棚帘）的设施化保护地种植红椒[1]。在红椒的保鲜技术方面，采用连秧贮藏（即活体保鲜）的方法，待红椒成熟后，通过控光控温、通风排湿等管理手段，保持红椒果实的新鲜度，延长产品的供应时间。另外，在产品的采收、分级、包装等方面，也采用比较严格的技术规程，保证其上市销售产品的质量[2]。

淮安红椒的生产以规模见长，1998 年开始，淮安推行"大棚、大椒、大户"的种模推广模式。淮安红椒现在已经是淮安市非常重要的特色产业，种植基地也从清浦区拓展到淮阴区、淮安区、涟水县等更多的县区，目前种植面积近 40 万亩，年产量达 60 万吨。相应地，为了进一步提高红椒产业的附加值，让"红椒越来越红"，地方通过制作红椒盆景，在淮扬菜品中开发不少于 50 道以红椒为主料的"红椒宴"、制成红椒系列休闲食品等措施，使红椒产业得到进一步的延伸和发展。

2. 苏椒

苏椒属茄科（Solanaceae）辣椒属（*Capsicum*）辣椒种（*Capsicum annuum* L.）长辣椒变种（*Capsicum annuum* L.var.*lonum* Bailey），是江苏省农业科学院蔬菜研究所赵华仑、孙

1.赵平，黄玉. 淮安红椒照亮富民路，江苏农村经济，2010（10）：25.

2.王锡明，等. 淮安红椒采收、分级、包装技术规程. 长江蔬菜，2011（19）：26.

洁波、丁犁平等自20世纪70年代开始至今育成的系列辣椒品种。其中，苏椒5号在江苏省辣椒主产区淮安种植最为广泛。

苏椒1号，最早在1977年育成，是用"00002号椒"与"00003"椒配制的一代杂种，1983年区试比当时推广的早丰1号增产

在淮安广泛栽培的苏椒

11.46%，比常规品种南京早椒增产71.11%，1984年通过省品种审定很好员会评议通过[1]。

苏椒2号，1987年通过江苏省农作物品种认定。该品种植株半开展，株高60～70cm，开展度60×70cm，主茎12～15节着生第一果，果绿色-深绿色，有光泽，圆锥形，果顶钝尖，果纵径7～9cm，横径3～4.7cm，肉厚0.25～0.45cm，平均单果重35g，大果可达60g，中熟，耐热，耐湿，果辣味较重，耐贮运。4月下旬定植，7～10月采收[2]。

苏椒5号，1993年和1996年通过江苏省及全国农作物品种审定委员会审定。该品种植株较开展，株高40～50cm，开展度50cm×50cm，主茎8～10节着生第一果，老熟果红色，果面微皱，果为不规则长灯笼形，果纵径9～10cm，横径4～4.5cm，肉厚0.19～0.23cm，单果重32～38g，大果可达65g。极早熟，果实发育快，连续结果性强，耐烟草花叶病毒和黄瓜花叶病毒，耐低温和弱光，果微辣。为保护地专用品种，适合春季保

1. 中国农业科学院编. 农业科技要闻选编. 第二集. 北京：中国农业科技出版社，1985. 169.

2. 中国农业科学院蔬菜花卉研究所编. 中国蔬菜品种志·下卷. 北京：中国农业科技出版社，2001. 638.

护地栽培及秋冬大棚日光温室栽培[1]。

因为极早熟、耐低温、产量高等特点，苏椒 5 号被业内专家评定为保护地栽培最优良的辣椒品种，再加上当时淮阴地区最喜欢种植这种平头长灯笼形辣椒[2]，所以苏椒 5 号在 20 世纪 90 年代的淮安推广很快。

淮安在 20 世纪 70 年代以前种植的辣椒品种以当地的农家"羊角椒"为主，现在这一品种种植已经很少。苏椒因为皮薄微辣，鲜甜可口的特点，在淮安当地市场上颇受欢迎，现在淮安市成立了许多专业的辣椒种植合作社，有的还形成自己独特的品牌，如淮阴区棉花庄军田村的淮安市绿源辣椒种植专业合作社，由辣椒种植拓展到与省农科院合作制种，还注册了"刘桂兰牌"辣椒商标[3]，目前，这个合作社种植的辣椒已达 1000 多亩。

3. 月塔牌朝天椒

朝天椒属茄科（Solanaceae）辣椒属（*Capsicum*）辣椒种（*Capsicum annuum* L.）朝天椒变种（*Capsicum annuum* L.var. *conoides*(Mill.) Irish），月塔牌朝天椒主要栽种在淮安市涟水县唐集、南禄、石湖、东胡集等乡镇。

朝天椒起源于南美，由荷兰人引入中国，一开始在台湾栽种，人们称之为"番姜"。其植株多二歧分枝，叶长 4～7cm，卵形，花常单生于二分叉间，花梗直立，花稍俯垂，花冠

1.中国农业科学院蔬菜花卉研究所编. 中国蔬菜品种志·下卷. 北京：中国农业科技出版社，2001. 628.

2.刘金兵编著. 棚室辣椒栽培技术. 南京：江苏科学技术出版社，1999. 3.

3.叶列. 创业接力——淮阴区辣椒制种大户刘桂兰的故事. 淮安日报，2014-11-23.

白色或带紫色，果梗及果实均直立，果实较水，圆锥状，长约 1.5～3cm，成熟后果实红色或紫色，味极辣[1]。朝天椒的特点是椒果小、辣度高、易干制，主要作为干椒品种利用，与羊角椒、线椒构成我国三大干椒品种系列，全国干椒栽培面积，朝天椒居首位。

朝天椒

月塔牌朝天椒最早是 1974 年在涟水县唐集乡月塔村（原月塔大队）零星种植，种源一开始是来自于日本的枥木三鹰椒，该品种由日本枥木县培育，在 20 世纪 40、50 年代在日本广泛栽培，1974 年引入中国。该品种在月塔村长期种植中得到进一步的优化、提纯和复壮，其产量高、质量好，具有比较好的经济效益，种植面积不断扩大，成为出口创汇产品。由于全国重点文物保护单位、始建于宋朝的千年古塔——月塔位于该村，地方政府遂于 2000 年注册了月塔牌朝天椒商标[2]。

月塔牌朝天椒色泽鲜红、整齐度高、风味独特，为调味佳品，现在已成为涟水县的一个特色产业，该县建有万亩朝天椒生产基地，每年有 2 万多吨朝天椒销向全国各地和出口日本。

---

1. 中国科学院《中国植物志》编辑委员会编. 中国植物志. 第 67 卷（1）. 北京：科学出版社，1978. 62.

2. 江苏省农林厅编. 江苏特色农业. 北京：中国农业出版社，2005. 112.

4. 茄子

茄子属茄科（Solanaceae）茄属（*Solanum* L.）茄种（*Solanum melengena* L.），起源于印度和东南亚热带地区，早在 2000 多年前随着佛教引入我国栽培，中国古代曾有伽、酪酥、落苏、昆仑紫瓜等名称。

茄，直立分枝草本至半灌木，高 60～100cm，幼枝、花序梗及花萼都有星状绒毛，叶卵形或宽椭圆形，顶端钝，边缘波状或深波状圆裂，基部偏斜，两面有星状柔毛，能育花单生，花后下垂。花萼钟状，有小皮刺，裂片披针形，花冠辐状，裂片三角形，雄蕊 5，着生于花冠筒喉部，子房圆形。浆果较大，圆形或长圆柱状，紫色或白色，萼宿存，花果期 6～9 月[1]。

栽培学常将茄按果皮颜色分青茄、白茄、紫茄等，明《天启淮安府志》就记述了当时的茄子，称其"一名落苏，紫、白数种"。现在淮安地区栽培的茄以紫茄居多，也有少量的白茄、青茄，栽培的地方品种有江淮紫长茄、徐州长茄，杂交的推广品种有苏长茄、苏崎茄等。市场上售卖的茄子果实上宿存的花萼有紫色与青色两种，紫色者为本茄子，口味佳。

茄子含较为丰富的维生素 P 和葫芦巴碱及胆碱，可软化血管，降低血压和血中的胆固醇，夏天食用有清热减暑的功效，常吃还有一定的抗衰老和防癌作用，但茄子性冷，脾胃虚寒的人应少食用。

淮安谚语"茄子七八根，天天不离锅"。淮安是茄子的主产区，也是淮安人食用的主要菜品，常见的家常食用方法有清蒸茄子、酱烧茄子、肉末毛豆烧茄子等。《红楼梦》第四十一回描述过刘姥姥吃过的"茄鲞"做法，是"把才下来的茄子把皮刨了，只要净肉，切

1.江苏省植物研究所. 江苏植物志（下）. 南京：江苏科学技术出版社，1982.728.

成碎丁子，用鸡油炸了，再用鸡肉脯子合香菌、新笋、蘑菇、五香豆腐干子、各色干果子，都切成丁儿，拿鸡汤煨干了，拿香油一收，外加糟油一拌，盛在磁罐子里封严了，要吃的时候，拿出来，用炒的鸡爪子一拌，就是了"。现在有人附会，以为这样复

适宜生食的淮安白茄

杂的烹饪方法，正是淮扬菜的特点，所谓食不厌精。其实不然，淮扬菜讲究的是清淡，主张原汁原味，后人评述此种做法，吃不出茄子本味，已失天真。据清丁宜曾《农圃便览》的介绍，所谓"茄鲞"，茄干也，做法非常简单，即"将茄煮半熟，使板压扁，微盐拌腌二日，取晒干，放好卤酱，上面露一宿，磁器收"[1]。

　　笔者在读《西游记》第八十二回时，发现老鼠精招待唐僧的宴席上有一味"镟皮茄子鹌鹑做"，觉得奇怪，唐僧吃素，为何菜里会有鹌鹑呢？后来偶然发现，原来吴承恩说的是源自宋代食谱《吴氏中馈录》的一种菜肴"鹌鹑茄"，具体做法可见于明刘伯温的《多能鄙事》和高濂的《遵生八笺》。

　　刘伯温介绍的做法是："嫩茄切两半，以刀镂细，勿令透，沸汤焯过，控干，用盐、酱、花椒、莳萝、茴香、香草、桔皮、杏仁、红豆研细末，淋入镂缝，晒干蒸过，收贮，用时以

---

1. ［清］丁宜曾. 农圃便览. 清乾隆原刻本. 55.

沸汤，蘸香过油煤熟。"[1]高濂的做法是："拣嫩茄切做细缕，沸汤焯过，控干，用盐、酱、花椒、莳萝、茴香、甘草、陈皮、杏仁、红豆研细末拌匀晒干，蒸过收之，用时以滚汤泡软，蘸香油煤之。[2]"

刘伯温的做法能让人理解为什么菜名"鹌鹑茄"，大概嫩茄切成两半，这样加工过后，酥软如鹌鹑。高濂在此基础上有所改进，却失去了鹌鹑之形。有趣的是，现在山西菜品中有一味"鹌鹑茄子"，却真是用鹌鹑肉与茄子同烧。吴承恩了解到的做法其实又有所改进，刘伯温和高濂的做法茄子都不去皮，"镟皮茄子鹌鹑做"却是将茄皮镟去，这样吃起来会更加松软。

不管是"茄鲞"还是"鹌鹑茄"，都是中国古代的一种干制的"路菜"，即离家远出时可以带在路上吃的一种菜，像现在的方便面一样，出门时带在身上，需要时用开水泡泡，拌些香油即可食用。

茄子不仅可以熟食，而且能生吃，王统葆称淮安乡间儿童喜欢吃刚摘下来的白茄子[3]。确然，笔者小时候就常摘菜园里生长的茄子当水果吃，紫茄白茄皆可，自有一种清新的味道。

1.［明］刘基. 多能鄙事. 卷三饮食类. 明嘉靖四十二年. 范惟一刻本. 30-31.

2.明高濂. 遵生八笺. 雅尚斋遵生八笺. 卷之十二. 饮馔服食笺. 中明万历刻本. 260.

3.王统葆. 佳蔬竞鲜. 南京：江苏科学技术出版社，1983. 36.

第八章
薯蓣类蔬菜

淮阴山药

菊芋

赵集山芋

盱眙生姜

1. 淮阴山药

淮阴山药属薯蓣科（Dioscoreaceae）薯蓣属（*Dioscorea* L.）普通山药种（*Dioscorea batatas* Decne.）长山药变种（*Dioscorea batatas* Decne.var. *typical* Makino）。薯蓣属约有 650 个种，中国栽培的薯蓣有普通山药和田薯 2 个种，普通山药有佛掌薯、棒山药、长山药 3 个变种，淮阴山药是长山药变种下的一个淮安地方栽培品种。

山药又称薯蓣、薯药、玉延。《本草纲目》记载，薯蓣由于唐代宗名李豫，为避讳而改为薯药，又因为宋英宗名赵曙，为避讳而改为山药。山药起源于亚洲、非洲及美洲的热带及亚热带地区，按其起源地分为亚洲群、非洲群和美洲群。中国是山药重要起源地和驯化中心，《山海经》（公元前 770 年至前 256 年）中就有山药分布的记载[1]。

淮安栽培的山药种类有淮阴山药（灌南淮山药）、细毛长山药、粗毛长山药、盐城兔子腿等品种。淮阴山药植株蔓性缠绕生长，蔓长 2.6～2.8m，分枝 4～5 条，茎有 5～6 个棱，直径 0.2～0.3cm，绿色带有红色点条纹，叶片箭形，叶面光滑，全缘，叶长 8.5～10.5cm，宽 7.5～8.5cm，绿色，叶柄 5 棱，叶腋生黄褐色珠芽（零余子，淮安人称山药豆）。花单性，雌雄异株，穗状花序，蒴果，种子扁卵圆形，有阔翅，地下块根长棒形略扁，顶端较细，中下部较粗，长度 40～60cm，表皮粗糙，褐色，须根多，肉白色，单株块根重约 1.0～1.5kg。

淮阴山药晚熟，较耐旱，不耐湿，耐贮运，块根含淀粉多，肉致密，味香，品质好，适合作药用及蔬食[2]。淮阴山药栽培历史悠久，在淮安市涟水县、淮阴区，连云港市灌南县（曾属原淮阴市）都有分布，在淮阴区码头镇的太山、新河、玉坝、旧县等村栽培较多，所以当

---

1. 朱德蔚，等主编. 中国作物及其野生近缘植物. 蔬菜作物卷. 下. 北京：中国农业出版社，2008. 869.
2. 中国农业科学院蔬菜花卉研究所主编. 中国蔬菜品种志（下）. 北京：中国农业科技出版社，2001. 1059.

地人也称之为码头淮山药，《中国蔬菜品种志》有收录。

　　山药是一种典型的食药两用的植物，许多古典医籍都对山药作了很高的评价。成书于东汉时期的《神农本草经》将山药列为上品，《本草纲目》称山药"主伤中，补虚羸，除寒热邪气，补中，益气力，长肌肉，久服耳目聪明。"清代淮安名医吴鞠通医案中多有运用淮山药治疗消渴病（糖尿病）成功的案例[1]。淮安民间还有淮山药治愈乾隆皇帝而得口赞"仙物"的传奇故事。

　　山药可炒、可烩、可作羹汤，在淮扬菜中也占有重要的地位。地方名菜"淮山鸭羹"，用淮山药与老雄鸭配伍作羹，具有滋阴、清热、补血、养胃之效。淮安区家常菜经常用鸡汤烩制山药羹，涟水县以前宴席头菜常是山药鸡糕杂烩。

---

1. 严冰编著. 大医吴鞠通轶事. 北京：中医古籍出版社，2012. 90-91.

须多肉白的淮阴山药

需要注意的是，虽然淮山药为淮安特产，但却不是只有淮安、淮阴生产的山药才称作"淮山药"。作为一味中药名品，淮山药实际上指称了国内许多地方生产的山药，许多文献中，"广山药""淮山药""怀山药"被看成是一物异名。为了便于我国在科研、生产和经营中将名称统一起来，农业部在国家公益性行业（农业）科研专项"淮山药高效栽培技术与示范"中将山药与淮山统称为"淮山药"，此项目的主持单位为广西农业科学院[1]。

"怀山药"作为河南怀庆"四大怀药"之一，也很知名，但农业、医学中得到普遍使用的仍是"淮山药"。有的学者认为"淮"乃"怀"之误写，怀庆生产的山药更为道地[2]。笔者认为这与认为淮安生产的淮山药最正宗的看法一样，也是一家之言。同一物种中不同品种的山药，只要药效相同，在中药名称上还是统一起来更为方便。怀山药与淮阴山药相比较，其芦头（块茎上端较细的一段，一般作播种用）粗短，块茎长80～100cm，横径3cm以上，肉有中药味，适宜加工成山药干。

淮安既有丰富的淮山药品种资源，所出产的淮山药在食用上又有上佳的品质，淮扬菜中更有许多以淮山药为原料的美味菜品，民间还有相关的传奇故事流传，淮安山药自可以作为地方特色产业而发展壮大。

1.史新敏，等. 江苏淮山药生产现状与产业发展. 江苏农业科学，2010（5）：527.

2.樊雅莉. "怀"与"淮"在中药名中的使用辨析. 科技与出版，2008（9）：35.

2.菊芋

菊芋为菊科（Compositae）向日葵属（*Helianthus* L.）菊芋种（*Helianthus tuberosus* L.）。菊芋起源于北美，现在温带地区广泛栽培，在我国分布广泛。又称洋姜、鬼子姜，淮安人称之为洋芋头。

菊芋为多年生草本，高1～3m，有块状的地下茎及纤维状根，茎直立，有分枝，被白色短糙毛或刚毛。叶通常对生，有叶柄，但上部叶互生，下部叶卵圆形或卵状椭圆形，上部叶长椭圆形至阔披针形。头状花序较大，少数或多数，单生于枝端，长1～2个线状披针形的苞叶，直立，总苞片多层，披针形，舌状花通常12～20个，舌片黄色，开展，长椭圆形，管状花花冠黄色，瘦果小，楔形，上端有2～4个有毛的锥状扁芒，花期8～9月[1]。

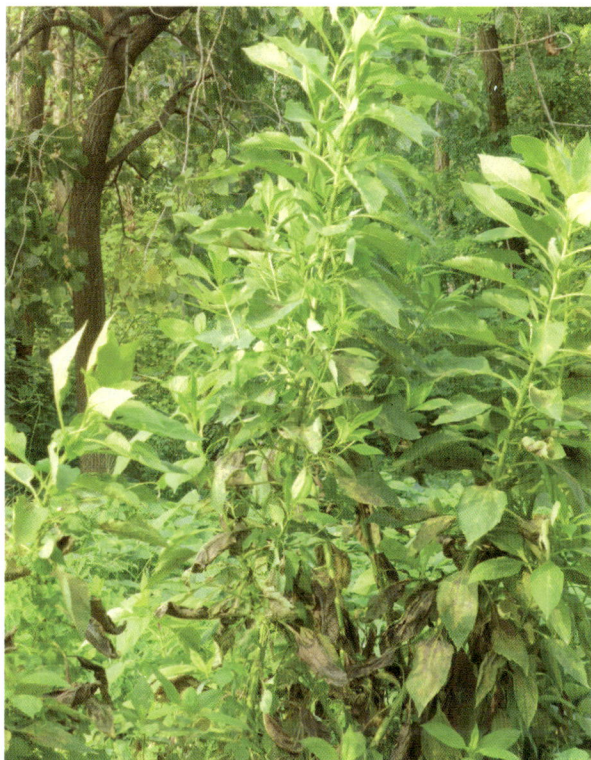

"深秋挖掘满箩筐"之菊芋

1.中国科学院《中国植物志》编辑委员会编. 中国植物志. 第75卷. 北京：科学出版社，1979. 358.

菊芋块茎含三萜类及多种脂肪酸，特别是富含菊糖，含量为菊芋干质量的55%～83%，是已知自然界中含有菊糖的36000种植物中含量最高的植物之一[1]。菊糖是一种天然的果聚糖，可治疗糖尿病，也是一种价值很高的工业原料。

菊芋栽培简易，耐寒、耐旱、耐贫瘠，在淮安常见于家前屋后的边角地，树林池塘边。淮安人食用菊芋的方式主要是腌制成咸菜食用，腌出的洋芋头口感清脆香甜，是下饭佐餐的佳品。扬州大学农学院的苏祖芳教授有赋菊芋的诗，非常不错。"桑田坎边长菊芋，花开不绝色金黄。土深根处生芋块，深秋挖掘满箩筐。洗净新芋半晒干，少盐匀拌坛中藏。待到冬时开坛食，腌制菊芋香四方。"[2]

菊芋本是一种乡间随便种植的土菜，但随着人们对其食用价值认识的提高，已开发出菊芋果酱、酸甜菊芋、风味菊芋等多种食品。笔者以为，在淮安不妨大面积地推广种植菊芋并发展相关的菊芋产业。

3. 赵集山芋

赵集山芋为淮安市淮阴区赵集镇生产的山芋，山芋属旋花科（Convolvulaceae）番薯属（*Ipomoea* Linn）番薯种（*Ipomoea batatas* (L.) Lam），番薯是其学名。

番薯还有红薯、地瓜、红苕、白苕、甘薯等名称，原产中南美洲的墨西哥和哥伦比亚

1.孔涛，吴祥云. 菊芋中菊糖提取及果糖制备研究进展. 食品工业科技，2013. 34（18）：375.

2.苏祖芳著. 春草晚霞诗稿. 南京：东南大学出版社，2014. 95.

等地，后传入欧洲和东南亚，16世纪末叶从东南亚传入我国，一开始在闽粤两省栽种，后在明代重臣徐光启等人推动下，推广至全国多数地区，成为我国重要的主粮之一，目前我国番薯品种资源占世界首位。

番薯为一年生草本，地下部分具圆形、椭圆形或纺

山芋花开满陇香

锤形块根，茎平卧或上升，偶有缠绕，多分枝，圆柱形或具棱，绿或紫色，茎节易生不定根，叶通常为宽卵形，叶柄长短不一，聚伞花序腋生，苞片小，披针形，雄蕊及花柱内藏，子房2～4室，异花授粉，自花授粉常不结实[1]。

淮安栽培的山芋品种繁多，栽培历史悠久。早在1934年，当时的淮阴区淮安县（现淮安区）[2]山芋产量就达255.2万kg。本地原有一种农家品种"小白藤"，产量虽不高，但耐贮藏，淀粉含量高，切干率高，种植比较普遍。1955年，江苏省杂谷试验厂淮阴分厂种植"胜利百号"山芋获得大面积丰收，向全省介绍成功的经验[3]，"胜利百号"（又称美人头）为短蔓型，结芋早而集中，适应性强，耐肥、耐旱、耐湿，适应性强。"九州7号""宁薯2号""南瑞苕"等品种在淮安也有较长的栽培历史，目前"徐薯18""徐薯22"等品种在淮安栽培面积最大。1971年，淮阴农科所还通过杂交选育出"淮阴149"，1974年育成"淮薯3号"等山芋新品种。"淮阴149"结芋早，耐迟栽，综合性状表现良好[4]。"淮薯3号"皮色紫红，

1.中国科学院《中国植物志》编辑委员会编. 中国植物志. 第64卷（第1分册）. 北京：科学出版社，1979. 89.

2.按1934年江苏的行政区划，当时江苏省淮阴区下辖淮安、淮阴、泗阳、宿迁、宝应五县。

3.中共江苏省委农村工作部编. 江苏省农业生产合作社经验介绍第2集. 南京：江苏人民出版社，1956. 302.

4.江苏省农业科学研究所编. 江苏省四级农业科学实验网科研成果选编. 南京：江苏人民出版社，1976. 55.

肉食淡黄，发根快，结薯早而集中，口味好，耐贮藏，在省内外被作为良种推广使用[1]。

1991—2005 年，淮安山芋种植面积稳定在 2 万 km^2，占秋粮播种面积的 6% ～ 8%[2]。淮安最著名的山芋种植区是淮阴区赵集镇，以及周边的南陈集、韩桥等镇，该地土壤以沙土为主，适宜山芋生长，在 1958 年，赵集曾种出一个重达 38 斤重的大山芋，被送到北京。周恩来总理代表国务院，为"江苏省淮阴市赵集人民公社"颁发"农业社会主义建设先进单位"奖状[3]。现在赵集仍是淮安著名的山芋产地，其出产的"赵集山芋粉丝"为地方特产，此粉丝产品色泽玉润，细绵爽口，久煮不糊，获"中国国际农业博览会名牌产品""首届江苏名牌农产品"等称号，畅销海内外。

淮安是山芋的主产地之一，在比较长的一段时间内，山芋是涟水县、淮阴县（现淮阴区）等县区旱作区农民的主食。包括笔者在内的许多同龄人都会自称是"吃山芋长大的"。当地乡村还有许多关于山芋栽培的谚语，如"泥无三寸深，薯无三寸长""要得番薯好，只要栽得早""红薯不怕嫩，八月初一尝一顿""山芋捉捉藤，一夜长一层"等。这些谚语大多是成功的经验总结，但也有不正确的地方，如"山芋捉捉藤，一夜长一层"，要求山芋长到一定时间通过翻藤促进生长。但国内著名山芋栽培专家、原中国农科院薯类研究所副所长张必泰[4]1958—1960 年在宿迁通过对比试验，证明翻藤并不利于山芋块根生长，反而会减产 15% 左右[5]。可惜的是，这一发现并未被农民注意，笔者在 20 世纪 80 年代初在涟水老家时，还经常帮助父母在田垄上除草翻藤。

山芋以前是主食，现在则是主要作为副食品的来源和蔬菜食用，山芋粉丝可与各种荤素菜搭配，拔丝山芋也是淮扬菜宴席上的一味特色菜品。在夏季，淮安菜市场常有当地农民销售鲜嫩的山芋叶子。山芋叶的食用价值现在被充分认可，有人称之为"蔬菜皇后"，称其可排毒、抗癌，增强视力。山芋叶不仅可炒、可烩，还被加工成果汁饮料。

1.卢家栋，等编著. 旱粮高产栽培技术. 北京：中国农业出版社，1998. 108.

2.李兆勇，王兴龙，等. 江苏省淮安市甘薯产业现状及其发展对策. 江苏农业科学，2007（3）：56.

3.赵为民，等编. 淮阴. 南京：江苏人民出版社，1991. 153.

4.中国农业科学院薯类研究所于1958年在江苏省淮阴地区宿迁县成立，1962年撤并到江苏省徐淮地区徐州农科所，1984年，在该所成立江苏徐州甘薯研究中心，2002年增挂中国农科院甘薯研究所牌子。

5.张必泰，汤敦荣. 甘薯翻藤减产原因商讨. 中国农业科学，1960（9）：30-32.

在淮安，最常见的是做山芋叶杂粮稀饭。山芋叶杂粮稀饭以前是穷人的主食，现在则是城里人乡愁的一种寄托。

4. 盱眙生姜

盱眙生姜为姜科（Zingiberaceae）、姜属（*Zingiber Boehm*）、姜种（*Zingber officinale* Rosc）的盱眙地方品种。姜，又名生姜、黄姜、地辛、百辣云。"紫姜"为姜的新发幼芽，"干姜"为姜的加工制品。

生姜起源于亚洲的热带、亚热带地区，中国很早就有食用和药用生姜的记载。《论语·乡党》记载孔子"不撤姜食，不多食"，《管子·地员篇》有"群药安生，姜与桔梗、小辛、大蒙"。中国古代关于姜的产地记载大多在长江以南地区，许多史料称四川、荆州、扬州出产的姜品质为优[1]。2003年出版的《江苏省志·农业志》《江苏省志·园艺志》都把"盱眙生姜"列为特产蔬菜和名特优品种[2]。与现在市场上占主导地位的山东产生姜相比较，盱眙生姜个头小，外皮略粗糙，根状茎分枝少。

姜为多年生草本宿根植物，多作一年生栽培，其株高50～100cm，根茎肥厚，多分枝，有芳香及辛辣味，叶片披针形或线状披针形，长15～30cm，宽2～2.5cm，无毛，无柄，叶舌膜质，长0.2～0.4cm，总花梗长达25cm，穗状花序球果状，苞片卵形，长约

1.刘海明，等. "姜"及其相关植物的原植物考. 中国农学通报，2015. 31（4）：68–72.

2.江苏省地方志编纂委员会编. 江苏省志·园艺志. 南京：凤凰出版社，2003. 185.

2.5cm，花冠黄绿色，雄蕊暗紫色，花药长约0.9cm[1]。

生姜根系不太发达，喜阴怕晒，适宜在微酸性的土壤中生长，相对而言，淮安市境内盱眙的丘陵地带比较适合生姜栽培。但据笔者了解，目前盱眙大规模种植生姜的地方很少，只有一些农户有少量种植，种植的地产生姜个头较小，产量也不高，市场上销售的生姜大多为山东所产。几年前，盱眙有一个生姜批发市场，主要向南方的一些地区批发销售山东的生姜（据山东临沂销售生姜的赵先生介绍，现在批发市场又撤回山东本地）[2]。

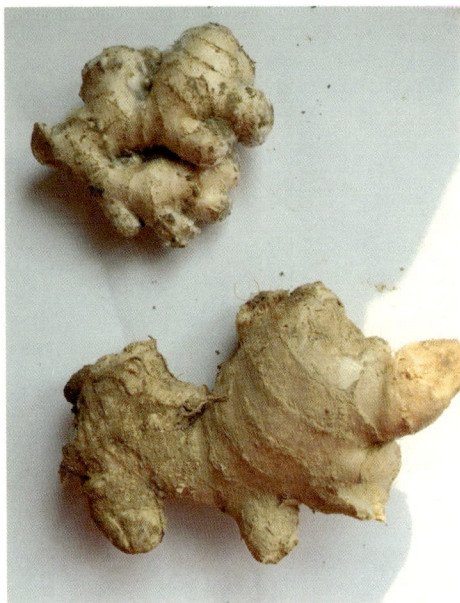
盱眙出产的土生姜

淮安俗语"夏吃萝卜冬吃姜，不用医生开药方"。生姜味辛、性温，具有发汗解表，化痰止咳，开胃止呃的作用，可用于风寒感冒、头痛鼻塞、痰饮咳喘、脘腹痞闷、脾胃虚寒、恶心呕吐、食欲减退等症的预防和治疗。《伤寒杂病论》的112个药方中，用生姜配伍的达59个[3]。

生姜除含有姜油酮、姜酚等活性物质外，还含有蛋白质、多糖、维生素和多种微量元素，集营养、调味、保健于一身。传统的生姜加工制品有糖渍冰姜、醋姜、糟姜、蜜制姜丝、姜糖等，现代生姜深加工产品还有生姜蛋白酶、生姜膳食纤维、姜油树脂、姜油精等[4]，产业发展的前景十分广阔。

1.中国科学院《中国植物志》编辑委员会编。中国植物志. 第16卷（2）. 北京: 科学出版社, 1981.141.

2.在南宋年间，南宋与金之间在盱眙和泗州（清代已淹没于洪泽湖水下）之间建有物资交易的榷场，南宋对金输出的生姜、陈皮等北方没有的产品都通过盱眙榷场交易，现在时势移易，盱眙却是向南方批发销售北方产的生姜了。

3.需要注意的是，生姜并非吃得越多越好，阴虚火旺、患肝病、肺结核等病的人不宜多食，另外，秋不食姜，夏秋季节，姜也不宜多吃。

④ 孙宏春，等. 生姜在食品加工中的开发现状及发展前景. 中国食物与营养, 2008（1）：34-36.

第九章
叶菜类蔬菜

淮安本芹

苋菜

蕹菜

木耳菜

茼蒿

菊花脑

菠菜

莴苣

小茴香

1. 淮安本芹

淮安本芹为伞形科（Umbelliferae）旱芹属（*Apium*）旱芹（*Apium graveolens* L.）的地方种，旱芹又称药芹、芹菜、西芹、堇、堇葵等。

旱芹为二年生或多年生草本，高15～150cm，有强烈香气。根圆锥形，支根多数，褐色。茎直立，光滑，有少数分枝，并有棱角和直槽。根生叶有柄，柄长2～26cm，基部略扩大成膜质叶鞘，叶片轮廓为长圆形至倒卵形，长7～18cm，宽3.5～8cm，通常3裂达中部或3全裂，较上部的茎生叶有短柄，通常分裂为3小叶，小叶倒卵形，复伞形花序顶生或与叶对生，花瓣白色或黄绿色，圆卵形，花期4～7月。

旱芹原产于地中海沿岸的沼泽地带，世界各国现普遍栽培。我国栽培始于汉代，至今已有2000多年的历史。起初仅作为观赏植物种植，后作食用，经过不断地驯化培育，形成了细长叶柄型芹菜栽培种，即本芹(中国芹菜)。而叶柄宽厚的种类常被称为西芹（西洋芹菜）[1]。

本芹在我国长期栽培下已选育成许多品种，按其髓腔状况可分为空心与实心两类。实心芹菜髓腔很小，春季不易抽薹，产量高，耐贮存，品质好。空心芹菜髓腔较大，春季易抽薹，但抗热性强，品质较差[2]。芹菜按叶柄色泽还可分为青芹和白芹两类。青芹植株较高大，生长势强，叶片较大，叶柄粗，绿色，香味浓，适应性强，产量高，品质较差。白芹植株较矮，生长势弱，叶色较淡叶柄细嫩，白色或淡绿色。脆而嫩，品质优，但香味较淡，抗性较差。淮安地区青芹和白芹都有栽培，青芹有早青芹、晚青芹等品种。淮安的多数芹菜品种来源于河南和河北，有一种实杆芹，心叶发黄，品质比较好。淮扬菜美食文化研究会基地栽培有一

1.方智远，等编. 中国蔬菜作物图鉴. 南京：江苏科学技术出版社，2011. 195.

2.朱德蔚，等主编. 中国作物及其野生近缘植物. 蔬菜作物卷. 下. 北京：中国农业出版社，2008. 1019.

种洋白芹，叶柄细白，脆嫩可口，是值得推广的一种优良品种。上海农科院 2012 年育成的一种"申香芹 1 号"近年来在淮安盱眙等地栽培，因其抗寒性强、生长快、品质好得到一定的推广[1]。

　　旱芹茎的水提取物具有明显的抗炎作用，叶茎中含有芹菜素、芹菜苷、香豆素和挥发油等药效成分，具有降压、利尿、降脂、健胃的作用，用于高血压、动脉硬化、神经衰弱、月经不调等症的预防和治疗。旱芹种子及种子油在欧洲及澳大利亚用于消除肿痛、舒解关节疼痛及痛风，旱芹种子油还被英国草药药典收藏[2]。

1.黄富强，姚怀莲，等. 淮安地区申香芹一号越冬栽培技术研究. 现代农业科技，2015（22）：102.

2.贾敏如著. 国际传统药物和天然药物. 北京：中国中医药出版社，2006. 88.

2. 苋菜

苋菜, 学名苋 (*Amaranthus tricolor* L.), 为苋科 (Amaranthaceae) 苋属 (*Amaranthus* L.) 中的三被组 (*Sect.2*.Blitopsis Dumort, 苋属的植物, 花被片 5 片为五被组, 2～4 片为三被组) 植物。淮安人常称之为"汗菜"。

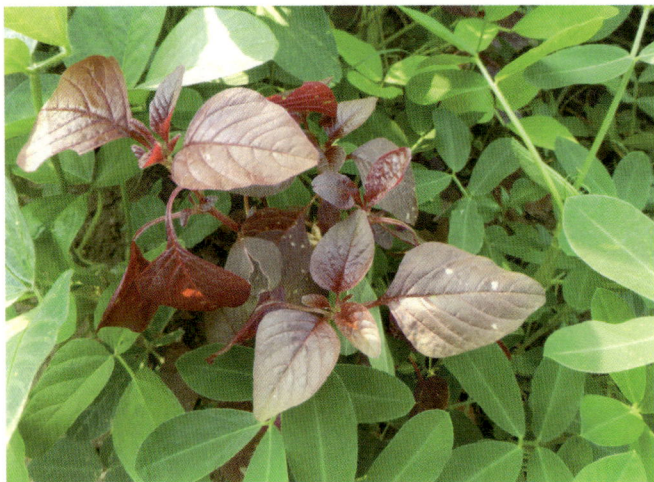
花生地里的红苋菜

苋为一年生草本, 高 80～150cm, 茎直立, 绿色或红色, 常分枝, 幼时有毛或无毛。叶片卵形、菱状卵形或披针形, 长 4～10cm, 宽 2～7cm, 叶色按不同的品种有绿色、红色或花色多种, 顶端圆钝或尖凹, 具凸尖, 基部楔形, 全缘或波状缘, 无毛, 叶柄长 2～6cm, 绿色或红色。花簇腋生, 直到下部叶, 或同时具顶生花簇, 成下垂的穗状花序, 花簇球形, 雄花和雌花混生, 花被片矩圆形, 长 0.3～0.4cm, 绿色或黄绿色, 顶端有 1 长芒尖, 背面具 1 绿色或紫色隆起中脉, 雄蕊比花被片长或短。胞果卵状矩圆形, 环状横裂, 包裹在宿存花被片内。种子近圆形或倒卵形, 直径约 1mm, 黑色或黑棕色, 边缘钝。花期 5～8 月, 果期 7～9 月[1]。

---

1. 中国科学院《中国植物志》编辑委员会编. 中国植物志. 第 33 (2) 卷. 科学出版社, 1979. 212.

中国古代就将苋菜分为白苋、赤苋、紫苋、五色苋、人苋等五苋，也有的加上马齿苋，称为六苋[1]。淮安当地栽培的苋菜常见的是紫苋和五色苋（花苋），笔者在淮安菜场购买苋菜时，曾问及菜农苋菜的名称，一位老奶奶称她种植的一种紫苋叫"大红袍"，花苋叫"狐狸尾"。

苋菜抗性强，易生长，耐旱，耐湿，耐高温，加之病虫害很少发生，故在国内外得到广泛栽培，淮安既有野生，也有栽培的品种。苋菜茎叶作为蔬菜食用，菜身软滑而菜味浓，入口甘香，有润肠胃清热功效，清代名医在食疗书《随息居饮食谱》中称苋菜可"补气清热明目，滑胎，利大小肠"。书中介绍了烩苋菜、蒸苋菜、苋菜汤等多种吃法[2]。我们现在最常见的吃法是将苋菜洗净后与蒜瓣同炒。

苋菜采食时须在茎叶鲜嫩时，如在茎上已长出花簇，则粗陋难食，而且容易导致肠胃不适。

3. 蕹菜

蕹菜，属旋花科（Convolvulaceae）番薯属（*Ipomoea Linn*）光萼组（Sect.*leiocalyx* Hall.f.in Engl.）蕹菜种（*Ipomoea aquatica* Forsk），淮安俗称空心菜、蕻菜。也有的地方称之为通菜、藤菜和竹叶菜。

蕹菜为一年生草本，既可以在旱地也可在水田种植。茎圆柱形，有节，节间中空，节

1.［元］王祯. 农书译注（上）. 济南：齐鲁书社，2009. 258-259. 此处的"人苋"为何种苋菜，众说不一，后来多数本草医书把"人苋"注为铁苋菜，也有的学者认为是"今之苋赤茎者"后世被误述"今人苋赤茎者"，这才多出一个"人苋"，《农书译注》则将此苋注为"糠苋""细苋"。

2.二毛著. 民国吃家 一个时代的吃相. 上海：上海人民出版社，2014. 203.

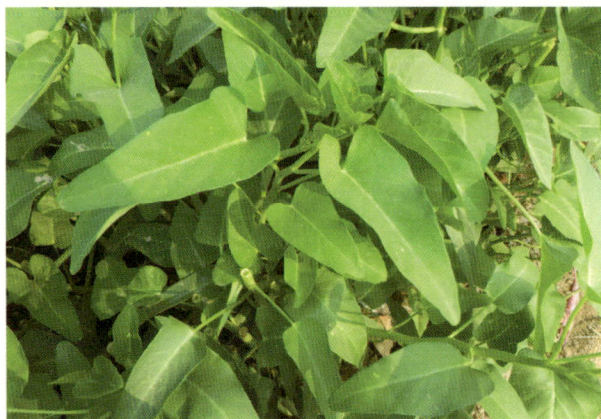
价廉物美的空心菜

上生根，无毛。叶片形状、大小常有卵形、长卵形、长卵状披针形或披针形等多种变化，叶顶端锐尖或渐尖，具小短尖头，基部心形、戟形或箭形，偶尔截形，全缘或波状，叶柄长 3～14cm，无毛。聚伞花序腋生，有 1 至多花，总花梗长 3～6cm，苞片 2，萼片 5，卵圆形，长 0.5～0.8cm，顶端钝，花冠漏斗状，白色或紫色，长约 5cm，顶端 5 浅裂，雄蕊 5 枚，子房 2 室，柱头头状，有两裂片。蒴果卵球形。种子卵圆形，有细毛[1]。

本种原产印度和我国南方热带多雨地区，现已作为一种蔬菜广泛栽培，分布遍及热带亚洲、非洲和大洋洲。在我国有 1700 余年的种植历史，我国中部及南部各省常见栽培，北方比较少，宜生长于气候温暖湿润，土壤肥沃多湿的地方，不耐寒，遇霜冻，茎、叶易枯死。

蕹菜的品种可根据其花色，区分为紫花蕹菜和白花蕹菜。有时根据其栽培环境也可分水蕹菜和干蕹菜，前者生长于浅水或湿地，后者生长于旱地。总体上而言，蕹菜喜水喜湿，在晋代嵇含所著的《南方草木状》中就介绍过一种浮岛栽培蕹菜的方法。"南人编苇为筏，种子于水中，则如萍根浮水面，及长，茎叶皆出于苇筏孔中，随水上下，南方之奇蔬也"[2]。这种后世的浮岛在中国晋代就在蕹菜的栽培中使用，现在如果进一步推广，不仅可以扩大蕹菜的栽培空间，而且可以作为降低湖泊水环境富营养化的一种手段。蕹菜被视作为"南方奇蔬"，后来人注解有三大缘由，一是它与肉类同烹可使肉味不变，二是在任何地方，均可栽种，

1.中国科学院《中国植物志》编辑委员会编. 中国植物志. 第 64（1）卷. 北京：科学出版社，1979. 94.

2.［明］李时珍. 本草纲目. 太原：山西科学技术出版社，2014. 745.

三是应时上市，可补当季蔬菜不足[1]。

除供蔬菜食用外，蕹菜尚可药用，内服解饮食中毒，外敷治骨折、腹水及无名肿毒。蕹菜也是一种比较好的饲料。

蕹菜价格便宜，富含胡萝卜素、维生素C、纤维素及钙，可炒食、凉拌或作汤料，淮安当地主要习惯与蒜蓉清炒食用。

4. 木耳菜

木耳菜，学名落葵，属落葵科 (Basellaceae) 落葵属 (*Basella* L.) 落葵种（*Basella alba* L.），又有潺菜、豆腐菜、紫葵、胭脂菜、蔊芭菜等名。

落葵为一年生缠绕草本。茎肉质，绿色或略带紫红色，光滑柔软可直立伸展，蔓生，可长达数米。叶片卵形或近圆形，对生，顶端渐尖，基部微心形或圆形，下延成柄，全缘，叶柄长 1～3cm，上有凹槽。穗状花序腋生，花肉质，白色或紫红色，浆果，圆球形或卵圆形，未成熟时绿色，成熟后紫黑色，内含一粒种子。花期 5～9 月，果期 7～10 月[2]。

落葵原产中国和印度，秦汉间字书《尔雅》中已有所记载[3]。落葵有红花落葵、白花落葵和广叶落葵三种，按叶片大小，又有大叶落葵和小叶落葵之分[4]。

落葵的叶含有多种维生素和钙、铁，栽培作蔬菜，也可观赏。全草供药用，为缓泻剂，

---

1. 秦风古韵著. 餐桌上的植物史. 北京：东方出版社，2009. 73.

2. 中国科学院《中国植物志》编辑委员会编. 中国植物志. 第 26 卷. 北京：科学出版社，1996. 44.

3. 常有人将古诗"青青园中葵、朝露待日晞"之葵注为落葵，误。此诗中之葵为锦葵科的冬葵，现在常称为冬寒菜，古称滑菜。被名之以"葵"的蔬菜，大多食用时有鲜滑之感，落葵、秋葵皆是。

4. 高坤金，温吉华主编. 绿叶菜安全生产技术指南. 北京：中国农业出版社，2012. 222.

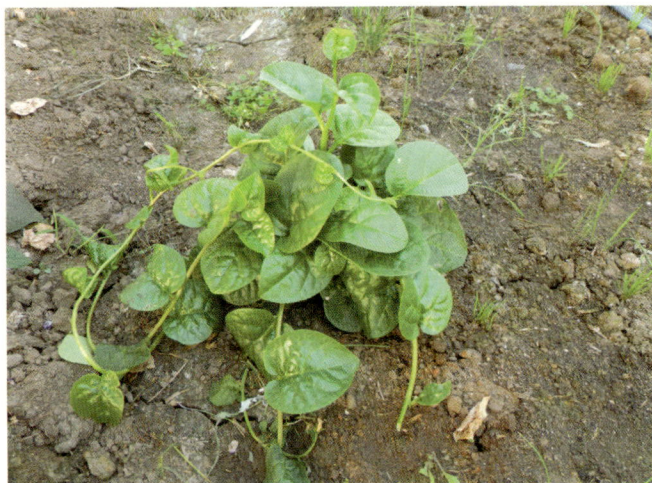

鲜嫩爽滑的木耳菜

有滑肠、散热、利大小便的功效，花汁有清血解毒作用，能解痘毒，外敷治痈毒及乳头破裂，果汁可作无害的食品着色剂。

落葵还有一种用途是许多人不知道的，在古代，落葵的紫黑色浆果可以揉取红色的汁液，作为女人的化妆品，既可以作为胭脂涂面，也可以作口红点唇，有时候还可以拿来染布，古人称之为"胡燕脂""染绛子"[1]。

5. 茼蒿

茼蒿，菊科（Compositae）茼蒿属（*Chrysanthemum* L.）植物，南茼蒿、茼蒿、蒿子杆的统称，又称同蒿、蓬蒿、蒿菜、菊花菜等。茼蒿属植物约5种，大多原产于地中海地区，其中4种引种作为蔬菜或观赏植物栽培，我国引种3种，其中南茼蒿（*C.segetum* L.）、蒿

---

1. ［明］李时珍. 本草纲目. 太原：山西科学技术出版社，2014. 754.

子杆（*C.carinatum.*Scbousb）作为蔬菜，茼蒿（*C.coronarium* L.）主要栽培在花园内观赏栽培。淮安当地栽培及食用的主要是蒿子杆，蒿子杆是学名，一般人仍然不加区分称之为茼蒿。明、清两代的《淮安府志》"物产"一类中均将茼蒿作为地方主要蔬菜品种记述。

蒿子杆，一年生草本，高20～70cm。茎直立，无毛，柔软。叶互生，无叶柄，中下部茎叶长椭圆形或椭圆状倒卵形，二回羽状分裂，一回深裂或近全裂。头状花序通常2～8个，排成伞房状，或单生枝端，总苞宽杯状，舌状花黄色或黄白色。舌状花瘦果有3条宽翅。花果期11月至第二年3月[1]。

蒿子秆植株

茼蒿具有调胃健脾、降压补脑等效用。常吃茼蒿，对咳嗽痰多、脾胃不和、记忆力减退、习惯性便秘均有较好的疗效。茼蒿中的痕量硒具有调节机体免疫功能，抑制肝癌、肺癌及皮肤癌症等功效。茼蒿营养丰富，可辅助治疗脾胃不和、大便不利及咳嗽痰多等诸症，尤其适用于成长中的儿童青少年和老年性贫血患者。

茼蒿的食用方式多种，家常是茼蒿烧豆腐、茼蒿烧粉丝，也可拌些盐、糖、醋冷炝，作为火锅的配料也非常不错。

1.艾铁民著. 中国药用植物志. 第10卷. 北京：北京大学医学出版社，2014. 671.

茼蒿与"同好"谐音,有特别的吉祥之意。"细雨斜风作小寒,淡烟疏柳媚晴滩,入淮清洛渐漫漫。雪沫乳花浮午盏,蓼茸蒿笋试春盘,人间有味是清欢"。苏东坡当年在古泗州城游南山的这首《浣溪沙》(《元丰七年十二月二十四日,从泗州刘倩叔游南山》)中的"蒿笋"就是青嫩的茼蒿,这首词既说明了茼蒿在宋代淮安附近就普遍栽培和食用,也说明了它确实清爽可口,不负素菜中的闲适清欢之名。

6. 菊花脑

菊花脑(*Dendranthema nankingense*)为菊科(Compositae)菊属(*Dendranthema*(DC.) Des Moul.)植物,野菊(*Dendranthema indicum* (L.) Des Moul)的近缘种,又有菊花叶、菊花菜、路边黄、黄菊仔等名。

野菊是一个多型性的种,有许多生态的、地理的或生态地理的居群,表现出体态、叶形、叶序、伞房花序式样及茎叶毛被性等诸特征上极大的多样性。菊花脑与一般的野菊相比,头状花序较小,总苞片无毛,外层总苞片比内层苞片短而窄,叶被毛也比野菊少。尚志钧认为菊花脑可能是由甘菊或其变种经栽培演化而来,或是甘菊与野菊杂交产生的种类[1]。《中国植物志》将菊花脑与野菊归为一种,但近来也有一些分子生物学的研究证明其应为独立的物种[2]。

菊花脑根系发达,茎秆纤细,半木质化,直立或半匍匐生长,分枝性极强。叶片互生,

1.尚志钧. 本草人生:尚志钧本草论文集. 北京:中国中医药出版社, 2010. 562.

2.戴思兰, 等. 菊属系统学及菊花起源的研究进展. 北京林业大学学报, 2002:24(5/6). 230-234.

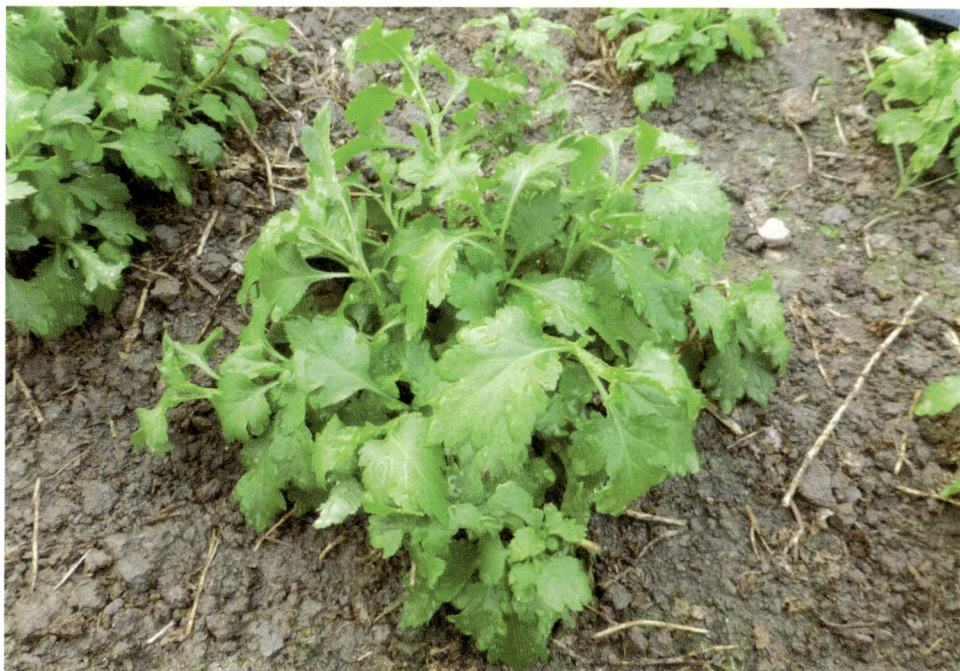

长卵型，叶面绿色，叶缘具粗大的复锯齿或二回羽状深裂，叶基稍收缩成叶柄，具窄翼，绿色或带紫色。叶腋处秋季抽生侧枝。株高30～100cm，分枝性强，叶腋抽生侧枝。头状花序直径1～1.5cm，多数在茎枝顶端排成疏松的伞房圆锥花序或少数在茎顶排成伞房花序。总苞片无毛，约5层，外层卵形或卵状三角形，长0.25～0.3cm，中层卵形，内层长椭圆形，长1.1cm。全部苞片边缘白色或褐色宽膜质，顶端钝或圆。舌状花和管状花黄色，瘦果灰褐色，花期6～11月。

菊花脑有小叶菊花脑和大叶菊花脑两种，大叶种质量较优。

菊花脑除含有蛋白质、脂肪、纤维素和维生素等营养物质外，还含有黄酮类和挥发油，有特殊芳香味，食之凉爽清口。可以炒食、凉拌或煮汤。其茎、叶性苦、辛、凉，夏季食用有清热凉血、调中开胃和降血压之功效。可治疗便秘、高血压、头痛和目赤等疾病。

菊花脑，淮安当地农民门前屋后普遍栽植，也有城市居民在阳台上盆栽，春季摘其嫩苗做菜。张丽娜、吕金顺等对淮安产的菊花脑花精油成份进行的一项研究表明，淮安产的菊花脑花精油与其他产地的精油化学成份比较，组成的萜类种类、含量有所不同，其抗氧化性较弱，但含有较多的抗菌和防晒组分，是提取天然抗菌剂以及天然防晒化妆品的一种植物资源[1]。

7. 菠菜

菠菜，属藜科（Chenopodiaceae）菠菜属（*Spinacia* L.）菠菜种（*Spinacia oleracea* L.）。菠菜属植物全球共有 3 种，我国只有这一个栽培种。

菠菜原产波斯（现伊朗），唐代贞观二十一年（公元 647 年），尼泊尔国王那棱提婆把菠菜作为一种礼物，专门派使臣送到长安。另据刘禹锡《嘉话录》记载，菠菜出自西域颇陵国，"有僧将其子来"[2]。所以菠菜在中国古代有波稜菜、波菜、赤根菜、波斯草等名。

菠菜植株高可达 1m，无粉，根圆锥状，红色，较少为白色，茎直立，中空，脆弱多汁，不分枝或有少数分枝，叶戟形至卵形，鲜绿色，柔嫩多汁，稍有光泽，全缘或有少数齿状裂片。雄花集成球形团伞花序，再于枝和茎的上部排列成有间断的穗状花序，花被片通常 4，花丝

1.张丽娜，等. 淮安产菊花脑花精油化学成分及其抗氧化活性. 常州大学学报（自科版），2011：23（3）. 69.

2.胡永林，等编写. 趣闻由来 800 题. 沈阳：辽宁人民出版社，1987. 359-360.

丝形，扁平，花药不具附属
物，雌花集于叶腋，小苞片
两侧稍扁，子房球形，柱头
4 或 5 枚，胞果卵形或近圆
形，果皮褐色[1]。

菠菜作为一种全世界都
普遍栽培的叶菜，受到人们
的普遍喜爱，阿拉伯国家称
其为"百菜之王"。菠菜富
含胡萝卜素、维生素 C、氨

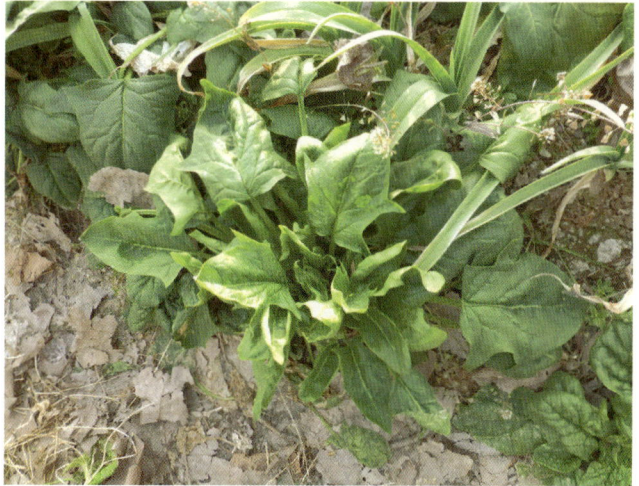

农户自种的秋菠菜

基酸、核黄素、草酸及铁、磷等。《本草纲目》称菠菜"利五脏，通肠胃热，解酒毒"，还
可通血脉、开胸膈，下气调中，止渴润燥，根尤良"[2]。

淮安民间最常食用菠菜的方法是菠菜烧豆腐，传说当年乾隆皇帝下江南微服私访的时
候吃过，感觉特别喜欢，问及菜名，小二答曰"金镶白玉版，红嘴绿鹦哥"。"金镶白玉版"
为油炝的家常豆腐，"红嘴绿鹦哥"就是菠菜。菠菜富含草酸，豆腐含钙，所以有些营养学
家称菠菜烧豆腐这种做法不科学，形成的草酸钙难以为人体吸收。不过现在又有一些学者为
菠菜烧豆腐恢复名誉，如淮安市营养学会副会长谢亮就认为，草酸本来与人体无益，吸收入
人体反而有害，豆腐中的钙与之在胃肠内发应，形成不易吸收的草酸钙，正起到了消解草酸
的作用，是有益于身体的[3]。

淮扬菜中有一味"翡翠虾仁"的菜肴，是用菠菜榨汁，为虾仁上浆，滑炒成菜。有诗
人为之赋诗云："菠汁虾仁别样鲜，红妆惊化黛螺妍。堆碧玉，叠青环，盈盘滴翠耐人看"。

1. 中国科学院《中国植物志》编辑委员会编. 中国植物志. 第 25 卷（2）. 北京：科学出版社，1979. 47.

2. ［明］李时珍. 本草纲目. 北京：华夏出版社，2002. 1105.

3. 傅婷婷. 菠菜豆腐一起吃，其实挺不错. 淮海晚报，2016-1-15.

8. 莴苣

莴苣为菊科（Compositae）莴苣属（*Lactuca*）莴苣种（*Lactuca sativa* L.）。莴苣属有 75 种，我国有 7 种，大多数分布在新疆。莴苣有许多栽培变种，茎用莴苣称莴笋（var. *angustata* Irish ex Bremer），茎粗，供食用与制备酱菜，叶用莴苣称生菜（var. *ramosa* Hort.）叶长倒卵形或倒披针形，叶适合生食，故名生菜。

莴苣原产地在地中海沿岸，栽培种起源于野生的山莴苣，公元前 4500 年的古埃及墓壁上已有关于莴苣叶形的描绘。莴苣大约在隋代传入我国，宋《续博物志》称"莴菜，出莴国，有毒，百虫不敢近"，莴国即现在的阿富汗。在莴苣的栽培演化中东西方向着不同的方向选择，中国人的选择方向是膨大的肉质茎，由此演化出东方特有的茎用莴苣，即莴笋。西方人的选择方向是发达的叶片，从而演化出叶用莴苣，即生菜。西方现代的莴笋是从东方传入的，东方栽培的生菜多是从西方传入。莴苣在淮安及古代文献中大多特指莴笋，莴笋又有莴菜、千层剥、千金菜等名称，生菜则被称为白苣、石苣[1]。

莴苣为一年生或二年草本，高 25 ～ 100cm。根垂直直伸。茎直立，单生，上部

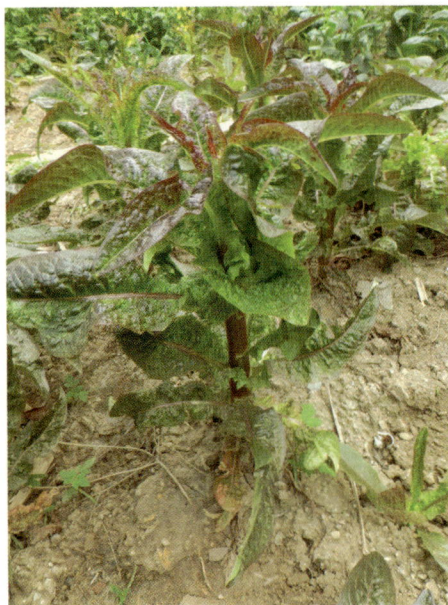

茎用的莴苣

---

1. ［明］李时珍著. 本草纲目. 第 3 册. 哈尔滨：黑龙江美术出版社，2009. 984.

圆锥状花序分枝，全部茎枝白色。基生叶及下部茎叶大，不分裂，倒披针形、椭圆形或椭圆状倒披针形，长 6 ～ 15cm，宽 1.5 ～ 6.5cm，无柄，基部心形或箭头状半抱茎，边缘波状或有细锯齿，向上的渐小，与基生叶及下部茎叶同形或披针形。头状花序多数或极多数，在茎枝顶端排成圆锥花序。总苞果期卵球形，长 1.1cm，宽 0.6cm，总苞片 5 层，舌状小花约 15 枚。瘦果倒披针形，压扁，浅褐色，冠毛 2 层，纤细，微糙毛状。花果期 2 ～ 9 月 [1]。

莴苣的叶富含维生素 A、B$_1$、 B$_2$、 C 和 P，还含有相当丰富的铁盐、钙盐和磷盐。茎叶具有利水、通乳，清热解毒的功效，可用于小便不利，尿血，乳汁不通，虫蛇咬伤等症的治疗，莴苣的香气可驱虫，如有小虫钻入耳内，可滴入莴苣汁驱除。

莴笋及生菜在淮安市栽培广泛，且具有较长的种植历史。莴笋的主要品种有尖叶莴笋、紫叶莴笋，生菜品种有散叶莴苣、邹叶莴苣等。明《天启淮安府志》在"物产"的"蔬菜"一列中莴苣、生菜均有收录。

9. 茴香

茴香为伞形科（Umbelliferae）茴香属（*Foeniculum* Mill.）茴香（*Foeniculum vulgare* Mill.）的别称。茴香原产于地中海地区，我国各省区都有栽培。

茴香，草本，高 40 ～ 200cm，茎直立，光滑，灰绿色或苍白色，多分枝，较下部的

---

1. 艾铁民著. 中国药用植物志. 第 10 卷. 北京：北京大学医学出版社，2014. 1237-1238.

茎生叶柄长5～15cm，中部或上部的叶柄部分或全部成鞘状，叶鞘边缘膜质，叶片轮廓为阔三角形，长4～30cm，宽5～40cm，4～5回羽状全裂。复伞形花序顶生或测生，花柄纤细，不等长，无萼齿，花瓣黄色，倒卵形或近倒椭圆形，花丝略长于花瓣，花药卵圆形，淡黄色，果实长圆形，长0.4～0.6cm，宽0.15～0.22cm.主棱5条，尖锐，花期5～6月，果期7～9月[1]。

茴香

另有一种植物莳萝（*Anethum graveolens* L.），称野茴香或土茴香，为伞形科莳萝属（*Anethum* L.）植物，在淮安亦有分布，它与茴香性状相似，常易混淆，主要区别在于茴香茎多分枝，而莳萝茎单一，直立。调味品中另有一种大茴香，又称八角或八角茴香，乃是木兰科木本植物，与小茴香亲缘关系甚远。

茴香既是一味常见的中药，也是菜肴中的一种调味品，其茎叶也是一种不错的蔬菜。作为中药，茴香具有散寒止痛、理气和胃的作用，常用来治疗寒疝腹痛、睾丸偏坠等毛病[2]。淮安当地发明的一种用于治疗跌打损伤的狗皮膏药其成份中就有茴香。

茴香含多种挥发油，具有特殊的香气，在制作荤腥肉制品时放入一些，可以很好地去除异味。茴香作为蔬菜食用，淮安民间最常见的是茴香炒鸡蛋，也有生烩作凉菜食用的。据一些北方的朋友说，茴香馅饺子滋味很特别，可惜笔者没有尝过。

1.中国科学院《中国植物志》编辑委员会编. 中国植物志. 第55卷（2）. 北京：科学出版社，1981. 213.
2.付起凤，等. 小茴香化学成分及药理作用的研究进展. 中医药信息，2008（5）：24-26.

第十章
芥菜类蔬菜

淮安大头菜

清江紫叶雪里蕻

油芥菜

1. 淮安大头菜

　　大头菜为淮安市淮安区特产的一种腌菜食品，其鲜菜来源主要是淮安大五缨大头菜和清江小五缨大头菜，现在也有用芜菁甘蓝（洋大头菜）腌制，更早一点，腌菜的主要原料也有可能是芜菁（也称蔓菁）。

　　淮安大五缨大头菜和清江小五缨大头菜

　　淮安大五缨大头菜和清江小五缨大头菜都属十字花科（Cruciferae）芸薹属（*Brassica*）芥菜种（*Brassica juncea* (L.) Czern. et Coss）大头芥变种（*Brassica juncea* L. Czern. et Coss.var.*megarrhiza* Tsen et Lee）中的两个地方品种。芥菜有大头芥、大叶芥、茎瘤芥、分蘖芥等16个变种，又可按栽培特性分为根芥、叶芥、茎芥、苔芥四种类型。大头菜属根芥类，大家比较熟悉的四川榨菜属茎芥类，雪里蕻属叶芥类。

清江小五缨大头菜直根

　　淮安大五缨大头菜和清江小五缨大头菜作为地方知名蔬菜品种，被《中国蔬菜品种志》收录，这两种大头菜被当地人称作"本大头菜"。淮安大五缨大头菜还被《中国作物及其野生近缘植物（蔬菜作物卷）》作为根用芥中的"优异种质资源"收录。

淮安大五缨大头菜为二年生草本植物，植株半开展，较松散，株高35cm，开展度35cm×40cm，叶长椭圆形，长33cm，宽12cm，深绿色，叶缘具浅锯齿，叶面微皱缩，刺毛少，无蜡粉。肉质根圆锥形，纵径12cm，横径10cm，地上部约8cm，肉质根外皮浅绿色，地下部分灰白质，表面光滑，单根重350g左右。此品种耐寒，耐病毒病，肉质根皮较薄，质地细嫩，芥辣味浓，水分较少，宜加工腌制。在淮安一般8月中下旬播种，11月中下旬收获[1]。

此品种以前在淮安区（原淮安县级市）主要在市郊种植比较多，苏北灌溉总渠渠北的部分乡镇也偶有种植，现在栽培面积已经很少。

清江小五缨大头菜植株半直立，株高35cm，开展度50cm×40cm，叶长椭圆形，大头羽状深裂，长12～15cm，宽5～7cm，绿色，叶缘具细锯齿，基部分裂成4～6对小裂片，叶面微皱。肉质根圆锥形，纵径9～11cm，横径6～8cm，地上部约5cm，肉质根外皮浅绿色，地下部分黄白质，表面较光滑，单根重150～250g。此品种早熟，耐热，耐瘠，肉质根质地致密细嫩，微甜，芥辣味浓，品质佳，根与叶均可用于腌制。在淮安一般8月中下旬直播或育苗移栽，11月上旬至12月上旬收获[2]。

开花的清江小五缨大头菜

此品种为原清江市（现淮安市清河区、清浦区）地方品种，原来在市郊栽培较多，栽

1.中国农业科学院蔬菜花卉研究所编. 中国蔬菜品种志·上卷. 北京：中国农业科技出版社，2001. 459.

2.中国农业科学院蔬菜花卉研究所编. 中国蔬菜品种志·上卷. 北京：中国农业科技出版社，2001. 460.

培历史较久。现在，只在淮安区宋集园艺场等地也有少量栽培。

从遗传起源上说，芥菜是芸薹与黑芥杂交后合成的异源四倍体或双二倍体。对于其地理的起源中心，学界有不同的看法，有的认为是起源于中东或地中海沿岸，有的认为起源于非洲北部与中部，有的认为起源于中亚细亚，还有的认为起源于中国的东部、华南或西部。不管怎么样，中国西南地区的四川盆地是芥菜的多样性中心，大多数的芥菜变种都有分布。从考古发现及相关文献记载看，可以认为芥菜起源后的进一步演化和发展经历了以下几个阶段。公元前 6 世纪至公元 5 世纪，芥菜不作为蔬菜食用，其种子作为调味品。公元 6 世纪至公元 15 世纪，芥菜的叶子作为蔬菜食用，叶的大小、色泽出现了多种变异类型。公元 16 世纪，出现了根芥和薹芥，根芥在随后的几个世纪中产生了圆柱形、圆锥形、近圆球形等多种类型。公元 18 世纪，出现了茎芥。

既然根芥是在公元 16 世纪（明代中叶）才出现，那么淮安的两种大头菜必然是在明代或明代以后才在根芥变种中分化出来的，这说明淮安历史上具有八九百年（或称六百多年）历史的大头菜在以前应是另有其种。

芜菁（别称蔓菁）

刘扬生编著的《江苏传统名特食品》、台湾著名美食大师朱振藩所著的《提味》等书籍中称淮安大头菜是以蔓菁腌制而成。

蔓菁，属十字花科（Cruciferae）芸薹属（*Brassica*）芜菁种（*Brassica rapa* L.）。蔓菁是学名芜菁的别称，它还有芜青、圆根、诸葛菜等名，其直根也称大头菜、盘菜等。

芜菁的祖先和大白菜、小白菜的祖先菘菜一样，是一种广泛分布在亚洲和欧洲北部的十字花科植物野生芸薹，即《诗经·邶风·谷风》中"采葑采菲，无以下体"之"葑"[1]。这种野生的芸薹在中亚地区被驯化培育为长有直根的芜菁。后来在汉代传入我国，《本草纲

---

1. 阿蒙. 时蔬小语. 商务印书馆，2014. 4.

目》记载其来自"西域吐谷浑"。传说诸葛亮曾命令士兵在军队驻扎处种芜菁为军粮，故被后世称名为"诸葛菜"。

在淮安，传说900年前的北宋，宋太祖赵匡胤在淮安就吃过此种大头菜，赞不绝口，并将其定为贡品。有"苏门四学士"之称的淮安人张耒在异乡为官时，还常念及家乡美味的芜菁，其诗《郭圃送芜菁感成长句》称："芜菁至南皆变菘，菘美在上根不食。瑶簪玉笋不可见，使我每食思故国。西邻老翁知我意，盈筐走送如雪白。蒸烹气味元不改，今晨一餐还如北。"[1]传说中南宋时韩世忠率军队在淮安驻扎时也号召当地军民种植大头菜（宋时作为根芥的大头菜还未出现，此种大头菜自为芜菁），并给每一个士兵发一个罐子用以装腌制的大头菜（后来，此类罐子当地被称之为"韩罐子"）[2]。

明《正德淮安府志》《天启淮安府志》"物产·蔬菜"中均列有"蔓菁"之名，而未将"大头菜"列入，这也说明在明朝蔓菁在淮安种植是非常普遍的。

芜菁在中国古代是比较重要的一种粮菜兼用的植物，特别在灾荒之年，更有救荒之用。唐韦绚在《刘宾客嘉话录》中记载了他与刘禹锡分析诸葛亮令军士种植芜菁的原因："公曰：诸葛所止令兵士独种蔓菁者何？绚曰：莫不是取其才出甲者生啖，一也；叶舒可煮食，二也；所居随以滋长，三也；弃去不惜，四也；回则易寻而菜采之，五也；冬有根可斫食，六也。比诸蔬，属其利不亦博乎？曰：信然，一蜀之人今呼蔓菁为诸葛菜，江陵亦然[3]。"宋代苏颂《图经本草》称芜菁"南北皆有，北土尤多。四时常有，春食苗，夏食心，秋食茎，冬食根。河朔多种，以备饥年。菜中之最有益者惟此尔"。芜菁的根叶、种子均作药用，李时珍《本草纲目》称其根叶"下气治嗽，止消渴，去心腹冷痛，及热毒风肿，乳痈妒乳寒热"。其种子入药亦可"补肝明目"[4]。

蔓菁为二年生草本，高可达100cm，直根肉质，圆锥形或椭圆形，外皮薄，黄白色，根肉质，

---

1. ［宋］张耒. 张耒集上、下. 北京：中华书局，1998. 240. 芜菁在中国古代主要在北方栽培较多，在南方栽培时经常是叶生长旺盛，直根不发达，故有"芜菁至皆变菘"之说。不过从张耒的这首诗看，只要栽培技术得当，在南方芜菁也可以长出肥脆的直根来。张耒另有一首诗《秋蔬》，也赞"芜菁脆肥姜苤辣"。

2. 田玉堂编著. 中国名食典故. 北京：中国商业出版社，1994. 587. 无独有偶，在欧洲，大头菜也是战争年代重要的食品，在第一次世界大战1916至1917年的冬天，德国和奥匈帝国，政府能够分配的唯一粮食储备只有大头菜。不过这种大头菜当是洋大头菜，即芜菁甘蓝。

3. ［唐］韦绚. 刘宾客嘉话录. 明顾氏文房小说本. 4.

4. ［明］徐光启. 农政全书. 陈焕良，罗文华校注. 长沙：岳麓书社，2002. 1083.

黄白色，无辣味，茎直立，有分枝，基生叶大头羽裂或为复叶，顶裂片或小叶很大，叶柄长10～16cm，有小裂片，总状花序顶生，花直径0.4～0.5cm，花梗长1～1.5cm，花瓣鲜黄色，倒披针形，有短爪，长角果线形，长3.5～8cm，果瓣具1明显中脉，果梗长3cm，种子球形，花期3～4月，果期5～6月[1]。

河下古镇销售的腌制大头菜

蔓菁与大头芥的直根有些相似，又共有了"大头菜"之名，所以古今有许多人把它们相混。明代王世懋在《学圃杂疏》就称"芥之有根者想即蔓菁"，清吴其濬在《植物名实图考》就指出了这一错误，并比较了两者的区别，称"蔓菁根圆，味甘而大，芥根味辛而小，形微长"[2]。现在犯这种错误的人也不少，一些普及类书籍称大头菜："别名芜菁、白芥、黄芥、芥辣、芥菜头、大头芥、诸葛菜、芥菜疙瘩"，还说大头菜"最普遍的食用方法是加工成榨菜[3]"，这样的说法是非常错误的。从上可知，芜菁、芥菜疙瘩、芥菜可是芸薹属的不同物种，榨菜则是芸薹属芥菜种（*Brassica jancea* Coss）的茎用芥变种茎瘤芥（*Brassica juncea* var. *tumida* Tsen et Lee），大头菜人们吃的是其根，榨菜吃的是其茎。

蔓菁作为一种根菜，虽可腌食，但在古代腌食应该不是它的主要吃法。淮安人吴承恩在《西游记》里四次写到蔓菁，一次是在道观的菜园里，三次分别在农家、妖精洞和皇家的

1.中国科学院《中国植物志》编辑委员会编. 中国植物志. 第33卷. 北京：科学出版社，1987. 21.

2.［清］吴其濬原著. 植物名实图考校注. 北京：中医古籍出版社，2008. 53.

3.孙志慧编著. 饮食宜忌与食物搭配大全. 天津：天津科学技术出版社，2014. 105.

餐桌上，第一百回写太宗宴请唐僧师徒一桌素宴，首先点出的两道素菜就是"烂煮蔓菁，糖浇香芋"，书中提到的蔓菁食法都没提到腌制。清吴其濬在《植物名实图考》中提到，有人误买蔓菁以为大头芥来腌食，发现其"味甘而无趣"，没有辛辣刺鼻的芥菜头腌起来好吃。有可能在明代中叶之后，随着属于根芥的大头菜传入淮安，人们发现其作为腌制品的特殊价值，逐渐用它代替蔓菁来做腌菜原料。

芜菁甘蓝

目前在淮安，用于腌制大头菜的鲜菜来源，除了淮安大五缨大头菜和清江小五缨大头菜外，使用最多的倒可能是芜菁甘蓝，即俗称的"洋大头菜"。

芜菁甘蓝属十字花科（Cruciferae）芸薹属（*Brassica*）芜菁甘蓝种（*Brassica napobrassica* Mill.）。别名洋蔓菁、洋疙瘩、洋大头菜等，起源于地中海沿岸或瑞典，又称瑞典芜菁，一般认为它是芜菁与甘蓝的杂交种。18世纪传入法国，19世纪传入中国、日本，在欧、美及中国、日本等国家普遍栽培。芜菁甘蓝产量高、适应性广、抗逆性强，粗放条件下种植，每公顷产量可达45000～6000kg，肥水充足，生长期较长时，每公顷产量可增至112500～150000kg[1]。

芜菁甘蓝为二年生草本植物，肉质直根圆形或纺锤形，皮白色，或出土部分带紫红色，肉白色，根系发达。茎短缩，其上着生叶簇，叶为羽状裂叶，蓝绿色，叶肉厚，叶面被白色蜡粉，叶柄半圆形。总状花序，两性花，花萼4，花冠黄色，花瓣4片，呈"+"字形，雄蕊6，雌蕊1。长角果，成熟时角果开裂，种子易脱落，种子为不规则圆球形，深褐色[2]。

芜菁甘蓝不同品种的直根大小有很大差异，淮安地区生产的一般单根重0.5～1kg，大者也有达4kg以上的，芜菁甘蓝直根可炒食、煮食、腌制或作饲料。其腌制的大头菜口味比较用五缨大头菜腌制出的产品口味要差些。笔者访谈过的几个出生于淮安区的人都自述

1.中国农业科学院蔬菜花卉研究所主编. 中国蔬菜栽培学. 北京：中国农业出版社，2010. 305.

2.张和义，胡萌潮编著. 特菜安全生产技术指南. 北京：中国农业出版社，2011. 129.

曾吃过炒食的洋大头菜，而本大头菜芥辣味重，无法炒食，主要用于腌制。

芜菁甘蓝何时传入淮安目前还不清楚，不过江苏、浙江的很多地方志都记载在60、70年代普遍开始种植这种洋大头菜。浙江南浔出产的大头菜与淮安相类似，两地都有土著的较为优良的大头菜根芥品种，南浔1980年开发的"五香大头菜""玫瑰大头菜"产品与淮安的同类产品一样具有较好的市场地位，南浔的洋大头菜大约在1960年前后从云南引入[1]。南京浦口出产的芜菁甘蓝（洋大头菜）为地方名特优蔬菜，为《中国蔬菜栽培学》等多种书籍记述。但据《浦口区志》记载，此芜菁甘蓝却是1958年从洪泽县三河乡引入[2]，这说明原淮阴地区种植这种洋大头菜比浙江、苏南一些地区都要早些。

淮安大头菜的加工及发展历史

淮安地方腌制大头菜历史较为久远，早期的品种为老卤大头菜，在加工过程中经选料、削皮、日晒、堆积、卤渍双腌、陈年老卤浸泡、再经自然发酵和形体加工等十余道工序，以形美、色黄、鲜嫩、香脆为特色，且无任何其它的添加剂[3]。后来又进一步加工出玫瑰菜、龙须菜、紫香菜、香辣菜等多个品种。1990年，淮安调味品厂生产的玫瑰菜被评为商业部的优质产品，后来，淮安市腌制厂生产的山阳牌老卤大头菜在获省工业厅、商业厅、省供销社优质产品后，又获商业部优质产品称号[4]。淮安出产的大头菜不仅在国内热销，还曾出口到东南亚等国家。这些获得荣誉的大头菜可能大多是由属于根芥的"本大头菜"腌制而成，洋大头菜个头大，原料成本低，在市场上也很容易见到。

淮安大头菜与蒲菜一起被称之为淮安著名的"两菜"，现代作家韩开春，言其每次来淮安区，有一样东西必吃，两样东西必带，必吃的为蒲菜，必带的为大头菜和麻油茶馓。不仅外地人来淮要带大头菜，本地人走亲访友，也喜欢带一点大头菜作礼物，所谓"大头菜不是菜，出门人往外带"。所以大头菜与蒲菜一样，成为淮安区的一个特有的饮食与文化品牌（淮

1.周永才，等编著. 江浙沪名土特产志. 南京：南京大学出版社，1987. 202.

2.南京市浦口区地方志编纂委员会编. 浦口区志. 北京：方志出版社，2005. 257.

3.李政行，等著. 中国传统名特产大全. 太原：山西人民出版社，1992. 136.

4.钟士和主编. 淮安市志编纂委员会编. 淮安市志. 南京：江苏人民出版社，1998. 248.

安区最大的综合性论坛"淮安人网"就称"大头菜论坛")。

除了淮安之外，在我国还有许多地方有腌制的大头菜出产。如湖北襄樊大头菜、云南大头菜、黔大头菜、毕节玫瑰大头菜、南浔香大头菜等。同淮安一样，现在这些大头菜的来源也不只是一种，既有来自芸薹属的芜菁（*Brassica rapa* L.），也有来源于芸薹属的芥菜种（*Brassica juucea* Coss）根用芥变种（*Brassica juncea* var. *megarrhiza* Tsen et Lee），还有 19 世纪才传入我国的芸薹属芜菁甘蓝（*Brassica napobrassica* Mill）。此外，北京地区腌制大头菜的来源是芸薹属的芥菜疙瘩（*Brassica napiformis* L.H. Bailey）。由于这些来自不同地区的产品都以大头菜为名，植株及肉质根性状又相近，所以大多数人很少从生物分类学的角度加以区分。

以前，淮安乡村地区人们的生活水平不高，食物中新鲜的蔬菜和水果较少，由于老卤大头菜"下饭"，许多人一天三顿都食用大头菜，而且许多农家自己腌制的大头菜没有很好的灭菌保存方法，一些大头菜表面霉变了仍然有人食用，一些腌制品含亚硝酸盐和亚硝氨的含量超标，这成为淮安地区乡村食管癌高发的一个重要因子。也许正是因为这些原因，现在喜欢食用腌制大头菜的人逐渐减少，淮安市大头菜这个传统产业的发展也受到了一定的影响。

不过笔者以为，如果我们能够进一步改进大头菜的制作工艺，采用科学安全的腌制与加工方法，并严格控制工艺流程和强化管理，制作出亚硝酸盐含量低的大头菜，这个传统产业的进一步发展也是有希望的。韩国泡菜、四川榨菜也是腌菜，但食品质量有了保证，人们食用就不再担心安全的问题。淮安市农科院徐海斌等的研究表明，通过适当降低食盐浓度，提高温度，增加酸度，添加糖分及维生素 C 能够有效降低腌制大头菜中的亚硝酸盐含量[1]。

1.徐海斌，等. 腌制大头菜亚硝酸盐含量及降低措施研究. 西南农业学报，2011, 24（4）: 1519.

2. 清江紫叶雪里蕻

雪里蕻（*Brassica juncea* var. *crispifolia*），又称雪菜、雪里红、春不老、烧菜、排菜等，属十字花科（Cruciferae）芸薹属（*Brassica*）的芥菜种（*Brassica jancea* Coss）的一个叶芥变种（*Brassica jancea* var. *foliosa* Bailey）。叶芥菜有大叶芥、卷叶芥、分蘖芥[1]、长柄芥、白花芥等多个类型，分蘖芥类型都可以称之为雪里蕻，雪里蕻的叶型又可分类花叶和板叶两类。清江紫叶雪里蕻是属花叶类的一个淮安地方特有品种。

从起源上来说，芥菜是小亚细亚的黑芥与地中海沿岸起源的芸薹杂交形成的一种异源四倍体植物，在我国演化出主要变种 6 个，即根芥、茎芥、叶芥、籽芥、薹芥和芽芥[2]。中国很早就有关于食用芥菜的记载，如《礼记》中有"鱼脍芥酱"，说明很早就用其种子作为调味品，后魏贾思勰《齐民要术》中有"蜀芥、芸薹取叶者，皆七月半种"的记述，说明了其栽培的历史也很早。1988 年，陈材林等在我国西北地区进行考察，发现当地既有野生的黑芥和芸薹分布，也有它们天然杂交形成的野生芥菜存在，说明我国西北也是芥菜的起源地之一[3]。

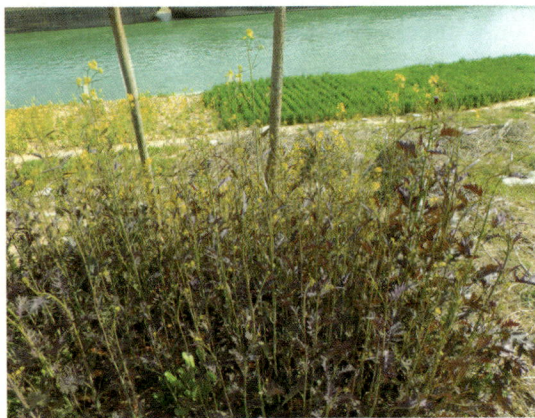

盐河边生长的清江紫叶雪里蕻

淮安地产的"清江紫叶雪里蕻"栽培历史悠久，在市郊分布最广，笔者在清浦区、淮阴区和涟水县都有观察到，既有栽培的，也有野生类群分

1.对于芥菜种的下一级分类，不同学者观点差异较大，也有的文献将分蘖芥列为芥菜的 16 个变种之一。

2.林冠伯编著. 芥菜. 重庆：科学技术文献出版社重庆分社，1990. 2.

3.彭世奖. 中国作物栽培简史. 北京：中国农业出版社，2012. 200-201.

布。在中国农业科学院蔬菜花卉研究所主编的《中国蔬菜品种志》对之有所收录和介绍。该种雪里蕻叶呈紫红色，植株半开展，株高20～100cm，开展度50cm×60cm，分蘖性中等，叶椭圆形，叶片全裂，裂片10对，叶面多皱，叶柄绿白色[1]。该品种抗寒能力强，叶质脆嫩，芥辣味浓，主要在秋冬采收上市，早春季节采收亦无不可。腌制加工后与肉丝伴炒，作为早、晚佐餐之用，非常下饭。淮安人还常用雪里蕻烧制野鸡、野兔等野味，亦可去腥去膻。

各类芥菜中，紫叶者品质上佳。北宋时代出版的《图经本草》就称"芥处处有之，有青芥似菘而有毛，味极辣，此芥，茎叶纯紫可爱，作菹最美"。清江紫叶雪里蕻叶色纯紫，正是叶芥中难得的上品。据笔者观察，除了清江紫叶雪里蕻外，淮安地产的雪里蕻还有九头鸟雪里蕻、江苏凤尾辣菜等叶芥品种。

雪里蕻是我国长江流域普遍栽培的冬春两季重要蔬菜，以叶柄和叶片食用，营养价值很高，栽培既很简易，价格也便宜。由于它富含芥子油，具有特殊的香辣味，其蛋白质水解后又能产生大量的氨基酸。腌制加工后的雪菜色泽鲜黄、香气浓郁、滋味清脆鲜美[2]，无论是炒、蒸、煮、汤作为佐料，还是单独上桌食用，都深受城乡居民喜爱。

3. 油芥菜

油芥菜（*Brassica juncea* L. Czern. et Coss.var.*gracilis* Tsen et Lee）属十字花科

---

1. 中国农业科学院蔬菜花卉研究所主编. 中国蔬菜品种志（上）. 北京：中国农业科技出版社，2001. 599.

2. 雪里蕻等芥菜含硫葡萄糖苷，它在加工时分解可产生多种挥发性气体，使其具有特殊的辛辣味。

（Cruciferae）芸薹属（*Brassica*）的芥菜种（*Brassica juncea* Coss）芥菜原变种（*Brassica juncea* L. Czern. et Coss.var.*juncea*）中的一个变种。淮安民间常称之为盖菜、辣菜。

广泛分布的野生油芥菜

油芥菜为两年生草本，高 30～150cm，常无毛，有时幼茎及叶具刺毛，带粉霜，有辣味，茎直立，有分枝。基生叶长圆形或倒卵形，长 15～35cm，顶端圆钝，基部楔形，大头羽裂，具 2～3 对裂片，或不裂，边缘均有缺刻或锯齿，叶柄长 3～9cm，具小裂片，茎下部叶较小，边缘有缺刻或牙齿，有时具圆钝锯齿，不抱茎; 茎上部叶窄披针形，长 2.5～5cm，宽 0.4～0.9cm，边缘具不明显疏齿或全缘。总状花序顶生，花后延长，花黄色，直径 0.7～1cm，花梗长 0.4～0.9cm，萼片淡黄色，长圆状椭圆形，长 0.4～0.5cm，直立开展，长角果线形，种子球形，直径约 0.1cm，紫褐色。花期 3～5 月，果期 5～6 月[1]。

油芥菜叶盐腌供食，种子及全草供药用，能化痰平喘，消肿止痛，种子磨粉称芥末，为调味料，榨出的油称芥子油，本种为优良的蜜源植物。

淮安地产的油芥菜以野生居多，分布于池塘水边及荒弃的农田中，辣味重，民间常与炒熟的黄豆一同腌制，为佐餐之美味。野生的油芥菜抗寒能力强，经冬不凋，在早春季节，到野田里挖一些来腌食，是不错的乡村野味，特别下饭[2]。

1.中国科学院《中国植物志》编辑委员会编. 中国植物志. 第 33 卷. 北京: 科学出版社，1987. 28.

2.万祥牛. 春季腌点儿盖菜当下饭菜. 金陵晚报，2015-4-20.

第十一章
其他蔬菜类

黄花菜

洋槐花

香椿头

蕨菜

榆钱

1. 黄花菜

黄花菜属百合科（Liliaceae）萱草属（*Hemerocallis* L.）黄花菜种（*Hemerocallis citrina* Baroni）。萱草属约有 14 种，我国有 11 种，其中可以作为黄花菜食用的有 4 个种：黄花菜、北黄花菜（*H.lilioasphodelus* L. emend. Hyland）、小黄花菜（*H. mionor* Mill）、萱草（*H. fulva*(L.) L.）。淮安栽培的黄花菜大多属黄花菜种，也有少量的北黄花菜种分布。

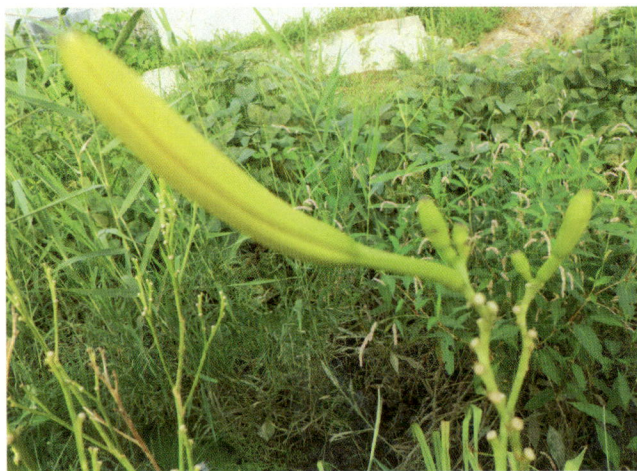
金针菜花蕾

黄花菜，又名金针菜、柠檬萱草，原产亚洲和欧洲，中国是其原产地之一，从黄花菜野生群体的分布看，黄河和长江流域是其起源中心。《诗经·卫风·伯兮》中有"焉得谖草，言树之背"，此处之"谖草"就是"萱草"，古时又有"忘忧""疗愁""宜男""鹿葱"等名。魏嵇康《养生论》有"萱草忘忧，亦为食之"。《本草纲目》对萱草进行了较为详细的考证，称"今东人采其花跗干而货之，名为黄花菜"[1]。

黄花菜为多年生宿根草本，根近肉质，中下部常有纺锤状膨大。叶 7～10 枚，长

---

1. ［明］李时珍. 本草纲目. 刘衡如，刘山永校注. 北京：华夏出版社，2002. 715.

50～130cm，宽 0.6～2.5cm。花葶长短不一，一般稍长于叶，基部三棱形，苞片披针形，花梗较短，通常长不到 1cm，花多朵，最多可达 100 朵以上，花被淡黄色，有时在花蕾时顶端带黑紫色，花被管长 3～5cm，蒴果钝三棱状椭圆形，种子约 20 多个，黑色，有棱，从开花到种子成熟约需 40～60 天，花果期 5～9 月[1]。

北黄花菜在淮安偶尔也可见到，它与黄花菜植株相似，主要的区别在于其花被管较短，一般 1.5～2.5cm，绝不超过 3cm，花梗长短不一，1～2cm，花色比黄花菜稍鲜艳，根变化较大，稍肉质，多少呈绳索状。

黄花菜在淮安各县区得到普遍栽培，栽培比较多的品种为宿迁大乌嘴（又称江苏大乌嘴）、宿迁小黄壳、小乌嘴，其次还有早熟紫花、大五杈、小八杈等。

宿迁大乌嘴是全国黄花菜优良品种，相传栽培历史始于汉代，原产宿迁丁嘴乡，现分布于江苏省多个县区，还被引种到浙江栽培。该品种分蘗性中等，叶片长披针形，软而披散，花蕾粗针形，蕾长 12～15cm，柄长 4～5cm，鲜花蕾黄色，尖端紫色，有弹性，单蕾鲜重 3.5～3.7g，干花色泽黄亮，色、质、味、形俱佳，干制率高。

宿迁小黄壳在淮安、宿迁分布广泛，该黄花菜品种分蘗性强，花蕾粗针形，淡黄色，长 13～14cm，单蕾鲜重 2.8～3g，干蕾黄色，外形美观，有香味，食味好，品质优[2]。

黄花菜的花都是在午后 2～8 时开放，如果开放后采制，品质会有所下降，淮安地区农民一般在早晨或傍晚带露水时采摘其花蕾，花蕾经过蒸或稍煮之后，再在太阳下晒干，遇到阴雨天，也可以在铁锅中加热炕干。干制之后，便于保存和销售。

淮安的黄花菜一般采取分株的方式繁殖，黄花菜的适应能力强，基本不需施肥。常被栽种在田埂和沟渠边，有时候两家地块之间各种一行黄花菜，起到地界的作用。

黄花菜在全国均有栽培，而以湖南、江苏产量最高。用于出口的金针菜曾被按产区分

1.中国科学院《中国植物志》编辑委员会编. 中国植物志. 第 14 卷. 北京: 科学出版社, 1980. 54.

2.中国农业科学院蔬菜花卉研究所主编. 中国蔬菜品种志（下）. 北京: 中国农业科技出版社, 2001. 1300.

为北、苏、南、川四种，北菜是江苏淮阴产，苏菜是江苏宿迁产，南菜是湖南邵东、祁东产，川菜是四川川东一带产[1]。

在 1996 年宿迁和泗阳从原淮阴市划出之前，淮阴市是我国黄花菜的主要产区，全市 11 个县区都有种植，淮阴黄花菜全国知名。淮阴黄花菜以宿迁丁嘴乡和泗阳三庄乡丁庄村出产的黄花菜最为名贵，称之为"丁庄大菜"，为江苏土特产中的名牌[2]。1973—1983 年，淮阴金针菜出口总量达 1741.5 吨，平均每年 158.3 吨。

黄花菜营养价值丰富，富含蛋白质、糖、各种矿物盐和维生素。《本草纲目》称其苗花"煮食，治小便赤涩，身体烦热，除酒疸。作菹，利胸膈，安五脏，令人好欢乐，无忧，轻身明目"。食黄花菜为什么可以"无忧""疗愁"呢？李时珍引李九华《延寿书》中的说法，称萱草"嫩苗为蔬，食之动风，令人昏然如醉，因名忘忧"。现代的食品化学研究，揭示出黄花菜含多种萜类、内酰胺类、蒽醌类、多酚类、精油、甾体皂苷、黄酮类等多种化学成份[3]。使其具有抗氧化与抗癌、改善睡眠、杀虫、镇静、消炎、抗抑郁等功效。翟俊乐等人的研究进一步揭示，黄花菜中起抗忧郁作用的活性成份主要是一些黄酮类物质[4]。黄花菜鲜花的花药因含有多种生物碱，不宜多食，会引起腹泻等中毒现象。古时候还有人在春季剪取黄花菜的幼苗食用，见之于徐光启的《农政全书》，称"春剪其苗，若枸杞食，至夏，则不堪食"[5]。

"莫道农家无宝玉，黄花遍地是金针"（清人诗）。淮安地区农村几乎家家都会有零星的黄花菜栽培，干制的黄花菜以前许多农民是舍不得吃的，或者上街卖钱，或者作为馈赠外地亲友的礼品。笔者每年春节回乡，父母都会把夏天收下来，贮存了近半年的金针菜让我们带回城里吃。萱草（黄花菜）的花语既是忘忧草，也是母亲花，在吃着香甜软滑的金针菜时，可以体会到来自乡土中温馨朴实的母爱。

1.中国土产出口公司编. 土产资料汇编. 上（内部资料）. 1958. 713.

2.孙步洲编著. 中国土特产大全. 下. 南京：南京工学院出版社，1986. 16–18.

3.傅茂润，茅林春. 黄花菜的保健功效及化学成分研究进展. 食品与发酵工业，2006. 32（10）：108.

4.翟俊乐，等. 黄花菜抗抑郁作用有效成份的筛选. 中国食品添加剂，2015（10）：93.

5.［明］徐光启著. 陈焕良，罗文华校注. 农政全书. 长沙：岳麓书社，2002. 649.

2. 洋槐花

洋槐花是豆科（Leguminosae）蝶形花亚科（Papilionoideae）刺槐属（*Robinia Linn*）刺槐（*Robinia pseudoacacia* L.）的花或花序。刺槐属植物约20种，我国产刺槐、毛洋槐等2种，还有伞形洋槐、塔形洋槐、红花刺槐等3个变种。

刺槐又称洋槐、德国槐，原产美国东部，17世纪传入欧洲及非洲，我国于18世纪末从欧洲引入栽培，现全国各地广泛栽培，以淮河、黄河流域为多。

刺槐为落叶乔木，高10～25m，树皮灰褐色至黑褐色，具托叶刺，长达2cm，羽状复叶，叶轴上面有沟槽，小叶2～12对，常对生，椭圆形，总状花序腋生，长10～20cm，下垂，花多数，芳香，苞片早落，花梗长0.7～0.8cm，花萼斜钟状，长0.7～0.9cm，萼齿5，花冠白色，各瓣均具瓣柄，旗瓣近圆形，长1.6cm，宽约1.9cm，内有黄斑，翼瓣斜倒卵形，龙骨瓣镰状，雄蕊二体，子房线形，花柱钻形，荚果褐色，或具红褐色斑纹，花萼宿存，有种子2～15粒，花期4～6月[1]。

难得一见的红花刺槐

---

1. 中国科学院《中国植物志》编辑委员会编. 中国植物志. 第40卷. 北京：科学出版社，1994. 229.

洋槐的花及嫩叶均可食用，最佳的采集时间为花刚刚开放时，此时香气初溢，花色纯净，笔者曾生食之，亦感齿颊生香。洋槐花的食法多种，可清炒，可涨蛋，可做饼食，亦可制酱。笔者最喜欢的食法是洋槐花干制后，做馅蒸包子。此馅松软香甜，无出其右者。

洋槐花营养价值丰富，含多种人体需要的矿物质元素和维生素。食之有清热、凉血、止血的功效，除可治疗多种血症外，还可治疗赤白痢下、风热目赤，预防中风。近来的研究发现，生的洋槐花含槐花米素甲、槐花米素乙和槐花米素丙，后两者为甾体化合物，学龄前儿童多食生的洋槐花也会中毒。加热可使这些有毒的物质分解，解除毒性[1]。

在杨树未广泛推广之前，淮安乃至苏北地区洋槐树栽植都非常普遍，洋槐树是木本植物中分布最广的一种，既是家前屋后的常见树种，在河堆上也常见成片连续种植。每至春末夏初，洋槐花开放的季节，乡间处处花灿若雪，槐香四逸。洋槐花的香气清新甜润，不妖不腻，闻之令人神清气爽。蜜蜂采酿的洋槐花蜜在各种花蜜中也是上品。故民间有"洋槐开花麦秀齐""放蜂要撵槐花蜜"等物候谚语，前者说的是刺槐开花时小麦正好抽穗，后者说的是洋槐是一种上佳的蜜源植物。

可惜的是随着杨树作为速生树种得到广泛推广后，洋槐在现在的农村已经少有人栽植了。一些诗歌散文中描写的"槐树花烂漫似水，用香气用如雪似雾的气势，淹没整个乡村"[2]的景象，已经很难见到了，对洋槐花景物及口味的文学描写大都来源于作者们少时的惆怅记忆。现在的小麦青穗时节，只能看到零星的洋槐树分布于连绵不绝的杨树林中，一袭白衣，散发出满春的寂寞。

---

1. 朱子扬，等主编. 中毒急救手册第2版. 上海：上海科学技术出版社，1978. 261–262.
2. 陈维林著. 纸上幻境 陈维林诗选. 北京：中央编译出版社，2012. 320.

3. 香椿头

香椿属楝科（Meliaceae）香椿属（*Toona Roem*）香椿种（*Toona sinensis* (A. Juss.) Roem）。香椿属植物约 15 种，分布于亚洲至大洋洲，我国产香椿、紫椿、红椿、红花香椿等 4 种，分布于南部、西南部和华北各地。香椿种除原变种外，还有陕西香椿、湖北香椿两个变种。

香椿起源于印度东北部、缅甸及其邻近地区，又有春阳树、春甜树等名，所食用的主要是其春天所发的嫩茎叶，称香椿头或香椿芽。我国大概在唐宋年间开始食用香椿芽，不过唐代对其食用价值并不认可，《唐本草》称"椿芽多食动风，令人神昏血气微"。宋代则肯定了香椿的食用价值，苏颂《本草图经》称"椿木实而叶香，可啖"。

香椿为乔木，树皮粗糙，深褐色。叶具长柄，偶数羽状复叶，长 30～50cm 或更长，每个复叶有小叶 16～20 个，对生或互生，纸质，卵状披针形或卵状长椭圆形，两面均无毛，无斑点，背面常呈粉绿色。圆锥花序与叶等长或更长，被稀疏的锈色短柔毛或有时近无毛，小聚伞花序生于短的小枝上，多花，花长 4～5mm，具短花梗，花萼 5 齿裂或浅波状，外面被柔毛，且有睫毛，花瓣 5 片，白色，长圆形，无毛，雄蕊

农家院前的香椿树

10 枚，其中 5 枚能育，5 枚退化，花盘无毛，近念珠状，子房圆锥形，有 5 条细沟纹，无毛，每室有胚珠 8 颗，花柱比子房长，柱头盘状。蒴果狭椭圆形，种子基部通常钝，上端有膜质的长翅，下端无翅。花期 6～8 月，果期 10～12 月[1]。

我国的香椿按产地可分为华南型、华中型和华北型三大生态类型，根据其初出芽苞和幼叶的颜色可分为红油椿、紫香椿和绿香椿，红油椿初出幼叶绛红色，有光泽，纤维少而油质多，香味浓郁，为香椿上品。紫香椿嫩芽紫褐色，叶稍薄，香味浓，品质也不错。绿香椿嫩芽青绿色，香味淡，含油脂少，品质稍差[2]。淮安产的香椿以红油椿为多，自明代以来地方志就把"香椿头"作为地方蔬菜中的物产加以介绍，明《天启淮安府志》在"蔬菜"条记载为"香椿头（红椿）"，在"竹木"条作为树木亦有记载，称"花臭不实曰椿，结实曰樗，叶清香可啖曰红椿"[3]，清《乾隆淮安府志》"蔬瓜之属"条中记载为"椿芽"，注其为"香椿树头""竹木之属"条中记载"椿"，称"香者易长，多寿"[4]。

香椿营养价值丰富，一般 1kg 香椿鲜嫩芽含蛋白质 98g、脂肪 8g、糖类 72g、胡萝卜素 90mg、维生素 $B_1$21mg、维生素 $B_2$1.3mg、维生素 C1.15mg、钙 1.1mg、磷 1.2mg、铁 34mg；香椿含有谷氨酸和天冬氨酸等 17 种氨基酸，其营养成分居西红柿、甜椒、黄瓜、大白菜、甘蓝、菠菜、萝卜等主要蔬菜之首[5]。

由于香椿采收期短，不同生长期的香椿头其营养物质和风味有较大的差异，而且香椿头不耐贮运，因此一般市场上新鲜的香椿大多为地产。淮安香椿树栽培不广，每年春天香椿头主要是农户零星上市销售，产量不大，价格也较高，以两计算，一般每两 2～5 元。从这一点看，香椿是名副其实的贵族蔬菜。

淮安人食用香椿头的方法也不太多，最常见的是香椿拌豆腐、香椿头炒蛋等，香椿头炒蛋最好是与鹅蛋或鸭蛋同炒，滋味会比鸡蛋更好。

1. 中国科学院中国植物志编辑委员会编. 中国植物志 第 43 卷第 3 分册. 北京：科学出版社，1997. 38-39.

2. 运广荣主编. 中国蔬菜实用新技术大全 北方蔬菜卷. 北京：北京科学技术出版社，2004. 756.

3. ［明］宋祖舜修. 方尚祖纂. 天启淮安府志. 荀德麟，等校点. 北京：方志出版社，2009. 120.

4. ［清］卫哲治等修. 叶长扬等纂. 乾隆淮安府志. 荀德麟，等校点. 北京：方志出版社，2008. 1256.

5. 彭方仁，梁有旺. 香椿的生物学特性及开发利用前景. 林业科技开发，2005. 19（3）：4.

4. 蕨菜

蕨菜为蕨科 (Pteridiaceae) 蕨属 (*Pteridium Scopoli*) 植物蕨 (*Pteridium aquilinum* (L.) Kuhn var. *latiusculum* (Desv.) Underw. ex Helle) 的初出土嫩茎、叶。蕨属植物约有 15 种，分布世界各地，我国有蕨、食蕨、长羽蕨等 6 种，其中蕨有欧洲蕨和蕨 2 个变种。以前有学者将蕨隶属于凤尾蕨科 (Pteridaceae)，但现在多数人倾向于将之独立了一个专门的蕨科。

蕨菜，俗称拳芽、拳头菜，还有龙头菜、龙爪菜、鹿蕨菜、蕨儿菜、猫爪子等名。中国古代很早就将之作为野菜采摘食用，《诗经·召南·草虫》中有"陟彼南山，言采其蕨"的句子。蕨在淮安主要分布在盱眙山区，清《乾隆淮安府志》把蕨作为物产中的"蔬瓜之属"加以介绍，并将蕨薇同列，称"蕨薇二种，蕨芽如小儿拳，长舒如凤尾，老可取粉"[1]。

蕨的植株高可达 1m。根状茎长而横走，密被锈黄色柔毛，以后逐渐脱落。叶远生，柄长 20～80cm，褐棕色或棕禾秆色，略有光泽，光滑，上面有浅纵沟 1 条，叶片阔三角形或长圆三角形，长 30～60cm，宽 20～45cm，先端渐尖，基部圆楔形，三回羽状，羽片 4～6 对，对生或近对生，斜展，二回羽状，小羽片约 10 对，互生，斜展，披针形，长 6～10cm，宽 1.5～2.5cm，基部近平截，具短柄，一回羽状，裂片 10～15 对，平展，彼此接近，长圆形[2]。

中医学认为，蕨菜性寒，味甘，有解热、滑肠、利尿、益气、化痰的功效，可用于筋骨疼痛、肠风热毒、大便秘结、小便不利、妇女湿热带下等症的治疗[3]。

作为野蔬，蕨菜鲜食或干制均可，素有"山菜之王"、"长寿菜"之美称，所食部分主要是其刚出土的嫩叶，另外蕨的根状茎富含淀粉，俗称蕨粉，可作粮食和酿造原料。李时

---

1. ［清］卫哲治，阮学浩修，叶长杨，顾栋高纂. 荀德麟点校. 乾隆淮安府志. 北京：方志出版社，2008. 1255.

2. 中国植物志编委会编. 中国植物志. 第 3 卷第 1 分册. 北京：科学出版社，1990. 3.

3. 扬晋俊编著. 野菜采集与药食养生. 北京：金盾出版社，2014. 78.

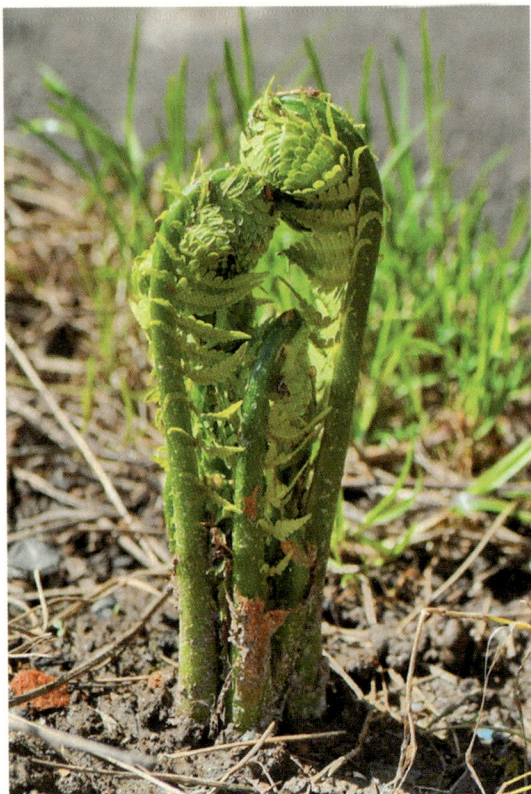
陟彼南山，言采其蕨

珍在《本草纲目》中对蕨菜的加工方法有比较详细的介绍，称"蕨，处处山中有之。二三月生芽，拳曲状，如小儿拳，长则展开如凤尾，高三四尺，其茎嫩时采取，以灰汤煮去涎滑，晒干作蔬，味甘滑，亦可醋食。其根紫色，皮内有白粉，捣烂再三洗澄，取粉作粗妆，荡皮作线食之，色淡紫，而甚滑美也。"[1]

"山有蕨薇，隰有杞桋"。蕨和薇（野豌豆），是中国野外两种颇具代表性的野菜，都是嫩时可采，为贫苦者所常食。唐代那个以清贫著称的诗人孟郊有诗："野策藤竹轻，山蔬薇蕨新。"明冯梦龙《东周列国志》中写晋公子重耳出逃流亡的时候，没了吃的，"众人争采蕨薇煮食，重耳不能下咽"。想来再好吃的野菜，没有油盐相佐，也是很难吃的。

不过因为"采蕨""采薇"都出现在《诗经·召南·草虫》这首情色颇佳的小诗中，因而文人墨客写文章谈到蕨薇时都会有特别的意味，不信的话，翻翻沈从文的《采蕨》、郁达夫的《蕨薇集》就知道了。

---

1. [明]李时珍. 本草纲目. 刘衡如，刘山永校注. 北京：华夏出版社，2002. 1020.

5. 榆钱

榆钱为榆树的嫩荚果，榆树为榆科（Ulmaceae）榆属（*Ulmus* L.）榆树种（*Ulmus pumila* L.）。榆属植物全球约 30 余种，主要产北半球，我国有 25 种，分布遍布全国。

榆树又称白榆、家榆、钻天榆、钱榆，起源于西伯利亚、内蒙古高原东部地区，是第三纪或更早就存在的树种之一。

榆为落叶乔木，高可达 25m，幼树树皮平滑，灰褐色或浅灰色，大树之皮暗灰色，冬芽近球形或卵圆形，芽鳞背面无毛，叶椭圆状卵形、长卵形、椭圆状披针形或卵状披针形，

榆钱满树

叶面平滑无毛，叶背幼时有短柔毛，花先叶开放，簇生状生于叶腋，翅果近圆形，长1.2～2cm，果核部分位于翅果中部，初淡绿色，后白黄色，宿存花被无毛，果梗较花被为短，被短柔毛，花果期3～6月[1]。

榆树是中国比较传统的几种乡土树种之一，在淮安地区以前普遍种植，其木材作为家具结实耐用，以前农村嫁女，总要砍伐几棵榆树做成家俱陪嫁。榆树在早春先花后叶，所生出的幼嫩荚果称榆钱，既是救荒时的珍品，平常亦有人采之作为食物。

榆钱有多种吃法，做粥、糕、酱、羹皆可，生食熟食皆可，淮安市以前农村常用玉米粉炒榆钱，出生于涟水的戏剧家刘立中曾在书中介绍他幼时吃过的榆钱饺子："将榆钱那黑黄色的花托摘除掉，用水淘洗干净，切碎，加入炒熟的鸡蛋，或者粉丝、肉糜之类，然后加入葱、盐、韭菜等调味品，调拌成馅，包成水饺""其香飘逸，且是清香。"[2]

笔者小时候家里也有几棵榆树，春天时榆钱满树，甚是美观，不过却未取食过，倒是在榆钱飘落后，摘下鲜嫩的榆树叶子做成菜饼吃过，其味如何，不再记得。只可惜现在回乡时，家里的榆树早就被砍伐光了，家前屋后的杂材树种，除了1棵枣树还在外，其余几乎已经全是杨树了。

---

1. 中国科学院中国植物志编辑委员会编. 中国植物志 第22卷. 北京：科学出版社，1998. 358.

2. 刘立中. 江淮息壤. 上海：上海三联书店，2014. 59.

第十二章
淮安特色蔬菜—野菜类

荠菜

淮安枸杞

蒌蒿

马兰头

马齿苋

蒲公英

红蓼

水蓼

花蔺

灰条菜

野豌豆

野苋菜

地皮菜

1. 荠菜

荠菜, 属十字花科 (Cruciterae) 荠属 (*Capsella*) 荠菜种 (*Capsella bursa-pastoris* L.), 又称菱角菜、护生草、地米菜、鸡脚菜等, 淮安乡民称"花荠菜", 在地中海地区、欧洲和亚洲广泛分布, 遍布世界温带地区。我国很早就有食用野生荠菜的传统, 《诗经·邶风·谷风》中有"谁谓荼苦, 其甘如荠"的诗句。宋代诗人陆游最喜欢吃荠菜, 留下了多首以荠菜为题的诗歌。

荠菜为一年生或二年生草本植物, 根白色, 分布土层较浅, 叶片绿色或浅绿色, 被茸毛, 基生叶莲座状, 塌地生长, 叶缘深裂或全裂, 裂片不整齐, 顶片最大, 叶柄有翼, 茎生叶狭披针形或披针形, 叶缘有缺刻或锯齿。花茎高 20～30cm, 总状花序, 花小, 白色, 两性, 短角果, 呈倒三角形, 内含多粒种子, 种子细小, 卵圆形。

荠菜分板叶和花叶两个类型, 板叶荠菜又称大叶荠菜, 叶片宽而长, 羽状缺刻叶, 生长快, 产量高; 花叶荠菜又称散叶荠菜, 叶片窄而较短, 羽状全裂[1]。

荠菜所含荠菜酸具止血作用, 胆碱、木樨素、云香苷等可降血压, 吲哚类化合物等对癌细胞有抑制作用, 因此常食荠菜, 对防治内出血、高血压和癌症等都是有益的。古人称荠菜为净肠草, 可以荡涤肠胃, 特别适合城市中平常以肉食为主的人群。唐代著名的宦官高力士被贬, 途经巫州, 很为当地农人居然不食荠菜而感到奇怪。他的诗《感巫州荠菜》称: "两京作斤卖, 五溪无人采。夷夏虽有殊, 气味都不改。"高力士不了解的是, 对于农民来说, 其饮食结构中缺的不是青蔬野菜, 缺少的是肉类等高蛋白食品。

荠菜在淮安市场上既有农民挖来的野生荠菜, 也有不少栽培的荠菜。栽培荠菜叶色青绿、

1.中国农业科学院蔬菜花卉研究所编. 中国蔬菜品种志·上卷. 北京: 中国农业科技出版社, 2001. 954.

大小整齐，经冬的野生荠菜则叶色斑驳，大小不一。在不怎么用除草剂的年代里，麦田里最主要的杂草就是荠菜，所以在初春的时候到农村的麦田里挖荠菜是最受欢迎的。现在农民普遍使用除草剂，农田的荠菜就变得很少了，只在一些荒置的田块中比较多。

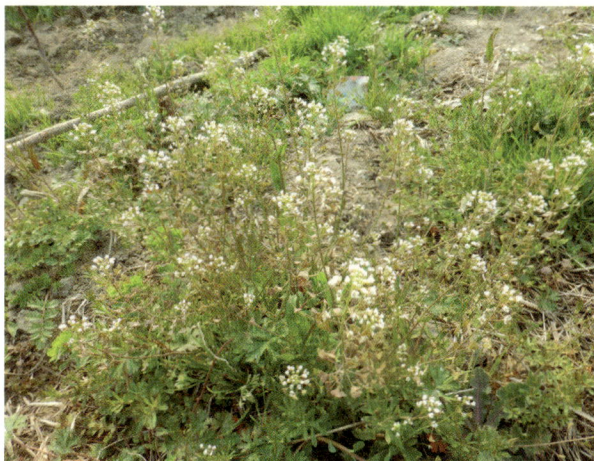

荠菜花

荠菜营养价值丰富，有多种食法，淮安北边的连云港人喜欢吃荠菜饼，海州有民谣称"二月二，挑荠菜，荠菜包饼筋拽拽，不吃不吃七八块"。在唐宋时期，淮安人把农历二月二定为"挑菜节"，这是一年里野菜，特别是荠菜最嫩、最具营养的时候。唐代诗人刘禹锡《淮阴行》诗之五称："无奈挑菜时，清淮春浪软。"宋代淮安人张耒有诗《二月二日挑菜节大雨不能出》："久将松芥芼南羹，佳节泥深入未行。想见故园蔬甲好，一畦春水辘轳声。"现在的淮安人只知道二月二是"龙抬头"，已经很少有人知道是挑菜节了，不过，二月二这天挑荠菜、吃荠菜、用荠菜花扫锅台的风俗还是保存了下来。

淮安人除了包荠菜饼和包荠菜水饺外，善于以荠菜为馅做出各种点心，如荠菜春卷、翡翠烧卖、荠菜圆子等，另外，以焯过的荠菜切碎作羹，色泽青纯、清香爽口，口味也是不亚于豌豆羹的。不过，在笔者看来，最好吃的还是荠菜粥，将鲜嫩的荠菜掺在杂粮稀饭中，适当地加点油盐，其味香远，一个人可以吃几大碗。宋时苏轼、陆游也都喜好这口，陆游《食荠糁甚美，盖蜀人所谓东坡羹也》诗称："荠糁芳甘妙绝伦，啜来恍若在峨岷。尊羹下豉知难敌，牛乳拌酥亦未珍。异味颇思修净供，秘方常惜授厨人。午窗自抚膨脖腹，好住烟村莫厌贫。"[1] 在陆游的心目中，荠菜粥的口味比莼羹、牛奶还要好。

2. 淮安枸杞

淮安枸杞属茄科（Solanaceae）枸杞属（*Lycium* L.）枸杞种（*Lycium chinense* Mill.）的淮安地方野生品种。枸杞属约80种，主要分布于南美洲，少数分布于欧亚大陆温带，我国产黑果枸杞、截萼枸杞、新疆枸杞、宁夏枸杞、云南枸杞、枸杞、柱筒枸杞等7种，还有红枝枸杞、黄果枸杞、北方枸杞3个变种。北方枸杞为枸杞变种，黄果枸杞为宁夏枸杞变种，红枝枸杞为新疆枸杞变种[2]。

枸杞又称狗牙子、狗奶子，古称枸棘、苦杞、天精，其嫩茎叶称枸杞头(明《天启 淮安府志》称枸杞叶为"蚶菜")，其果实称枸杞子，其根中药称地骨皮。枸杞原产中国，现分布于我国多个省区，朝鲜、日本、欧洲亦有栽培或逸为野生。我国利用枸杞也比较早，《诗经·小雅·北山》中就有"陟彼北山，言采其杞"这样的诗句。

枸杞为多分枝灌木，枝条细弱，弓状弯曲或俯垂，淡灰色，有纵条纹，棘刺长0.5～2cm，生叶和花的棘刺较长。叶纸质，单叶互生或2～4枚簇生，叶有卵形、长椭圆形等形状，花在长枝上单生或双生于叶腋，花冠漏斗状，淡紫色，雄蕊较花冠稍短，或因花冠裂片外展而

1.［宋］陆游. 剑南诗稿. 卷七十四. 清文渊阁四库全书补配. 清文津阁四库全书本. 903.

2.朱德蔚，等主编. 中国作物及其野生近缘植物. 蔬菜作物卷. 下. 北京：中国农业出版社，2008. 1152-1153.

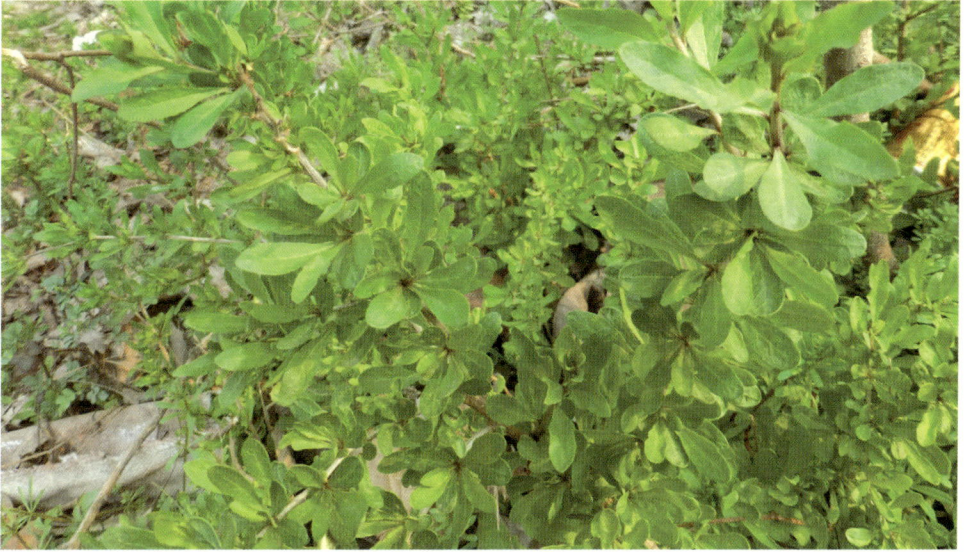

伸出花冠，花柱稍伸出雄蕊。浆果红色，卵状，花果期6～11月。

枸杞与更为知名的宁夏枸杞为同属不同种，两者常易混淆。宁夏枸杞的叶通常为披针形或长椭圆状披针形，花萼常为2中裂，裂片顶端常有胼胝质小头头或每裂片顶端为2～3小齿，果实甜，无苦味。而枸杞的叶通常为卵形、卵状菱形、长椭圆形或卵状披针形，花萼常为3裂或有时不规则4～5裂，花冠筒部短于或近等于檐部裂片，果实甜而后味带微苦[1]。宁夏枸杞现在在淮安也有市民种植，既可观赏，也可结果食用。

枸杞营养价值丰富，其苗叶、果实和根都具有重要的药用价值。李时珍在《本草纲目》中称枸杞苗可"除烦益志，补五劳七伤，壮心气，去皮肤骨节间风，消热毒，散疮肿。和羊肉作羹，益人，除风明目，以饮代茶，止渴，消热烦，益阳事，解面毒。"枸杞子"坚筋骨，

1.中国科学院《中国植物志》编辑委员会编。中国植物志. 第67卷第1分册. 北京：科学出版社，1978. 14-15.

耐老，除风，去虚劳，补精气"。枸杞根"甘淡而寒，下焦肝肾虚热者宜之"[1]。

淮安枸杞古已知名，唐代著名诗人白居易与刘禹锡在公元 826 年来淮安拜访楚州刺史郭行余，恰逢楚州开元寺北院一口井边的千年枸杞结实，一帮诗友相继题诗。白居易《和郭使君题枸杞》诗："山阳太守政严明，吏静人安无犬惊。不知灵药根成狗，怪得时闻吠夜声。"刘禹锡《枸杞井》诗："僧房药树依寒井，井有香泉树有灵。翠黛叶生笼石磴，殷红子熟照铜瓶。枝繁本是仙人杖，根老新成瑞犬形。上品功能甘露味，还知一勺可延龄。"[2]

中国古代传说，千岁枸杞，其根形如犬，不仅食之可以长寿，而根须入井，连带着井水也可延龄。因为白居易、刘禹锡在开元诗留诗，所以后来淮安士人常至此枸杞井边访古，留下了许多题咏的佳句。不过现在淮安区月湖中的开元寺已经不在，枸杞井及其边上的枸杞也已无踪迹。离原址不远的楚州宾馆中还有一株树龄达 130 余年的枸杞，其干虬劲有力，但小枝青绿者少，枯萎者多，许多网友呼吁要加强救护，以免留下遗憾。

现在淮安城乡中野生的枸杞还很多，一到春天，许多沟渠边、荒田间就会从土中钻出丛丛青嫩的枸杞头。枸杞头略带苦味，与香干炒食甚佳，也可焯水后切碎凉拌，加上点香干丝，点几滴麻油，口味也是很不错的。据汪曾祺《人间草木》记载，扬州人也是这种吃法。

淮安枸杞结果虽然不多，但在秋天许多地方仍可采到，在淮阴区渔沟镇东的淮沭河大堆上，秋天可见到红果盈枝，许多驴友发现后在网上相约，周末一同骑车去采食。枸杞子可生食，也可泡茶饮，还可在煨汤作羹时放入。"淮杞"与"淮菸、淮山药、淮笋"一起被淮安人称为地方特色蔬菜中的"四淮"。不过许多文献中记载的"淮杞"一词，不是指"淮安枸杞"，而是指淮山药与枸杞。这两种亦蔬亦药的食材配在一起，与其他食材一同煨制，是体质虚弱的人最好的食疗佳品。

1.［明］李时珍. 本草纲目. 刘衡如，刘山永校注. 北京：华夏出版社，2002. 1516-1517.

2. 炎继明编著. 中国古典诗歌与中医药文化 2. 西安：西安交通大学出版社，2013. 110.

3. 蒌蒿

蒌蒿为菊科（Compositae）蒿属（*Artemisia* L.）蒌蒿种（*Artemisia selengensis* Turcz.ex Besser）。蒿属植物有 300 余种，蒌蒿为其中的蒿亚属艾组蒌蒿系植物，蒌蒿系我国只有蒌蒿 1 种，另有一变种无齿蒌蒿（柳叶蒿）。

蒌蒿原产亚洲，分布于我国各地，别名藜蒿、芦蒿、水蒿、小艾、水艾、香艾蒿、驴蒿等，也有称其为白蒿者。我国先民利用蒌蒿甚早，列蒌蒿为"嘉蔬"之一，在《诗经·周南·汉广》中就有"翘翘错薪，言刈其蒌"这样的诗句。东汉许慎的《说文解字》称"蒌草，可以烹鱼"，苏东坡的"久闻蒌蒿美，初见新芽赤""蒌蒿满地芦芽短，正是河豚欲上时"[1]的诗句也是大家非常熟悉的，宋陆游、黄庭坚等都有诗咏及蒌蒿。

蒌蒿为多年生草本，水生、沼生，具香气，根状茎较粗壮，斜上或横走，色白。茎直立，高 60～150cm，紫红色、白色或青色，幼时脆嫩，以后逐渐变硬，近于木质化，上部常具分枝，叶片纸质，中下部叶常呈掌状或指状 3～5 裂，上部叶多呈披针形，边缘具疏锯齿，头状花序多数，花两性，管状花冠，瘦果卵形，略扁[2]。

蒌蒿既有野生的品种，也有栽培的品种，一般将会野生的品种称为蒌蒿，"蒌"字民间读成"吕或驴（lü）"音。栽培的蒌蒿大多称作芦蒿，有白蒌蒿（大叶蒿）、青蒌蒿（碎叶蒿）、红蒌蒿 3 种类型，江苏的代表性栽培品种有小叶白、大叶红、大叶青等。由于野生类型和栽培品种差别较大，以至于出生于扬州高邮的汪曾祺、出生于连云港东海的陈武两位先生都不同意蒌蒿与芦蒿为同种植物，陈武更强调"蒌蒿就是蒌蒿，芦蒿就是芦蒿，风马牛不相干"。他确实观察到野生的蒌蒿"叶是灰绿色的，极像艾草的嫩苗，喜长于水边洼地，

---

1. 古人以为蒌蒿可解河豚鱼毒，故食河豚时最好以蒌蒿佐餐方为安全，辛弃疾有诗《蒌蒿宜作河豚羹》，称"暴乾及为脯，捧曲蝟毛缩，寄君频咀嚼，去瘿如折屋。"李时珍《本草纲目》亦称蒌蒿可"利肠开胃，杀河豚毒"。
2. 陈耀东，马欣堂，等编著. 中国水生植物. 郑州：河南科学技术出版社，2012. 167.

野生的蒌蒿

成片成片的，很少有单株生长"，而大棚种植的芦蒿"碧绿，茎叶一起食用"[1]。

　　从植物分类学上讲，蒌蒿与芦蒿确实同为一种，不过野生的类群变异较大，在栽培过程中，芦蒿的性状与品质也发生了较大变化，这可能是人们认为蒌蒿与芦蒿不同的一个原因。笔者也观察到，淮安野生的蒌蒿苦味重，其茎可食期非常短，只在早春的个把月，日照时间长之后，会很快纤维化。而栽培的芦蒿嫩茎长，相对鲜嫩，可食期也较长，无苦味。另外，蒿属植物有多种在幼苗期可食，如茵陈蒿、艾蒿等，有的乡民也会以蒌蒿称之。

　　蒌蒿在江苏各市分布都比较广泛，明代高邮人王磐的《野菜谱》中有记述蒌蒿的歌谣："采蒌蒿，采枝、采叶还采苗。我独采根卖城郭，城里人家半凋落。"野生的蒌蒿，其根状茎、叶、

1.陈武. 野菜部落. 济南：山东人民出版社，2013. 67.

茎皆可食。现在苏北里下河地区也有关于芦蒿的民歌："三月里来呀新阳春，我与哥哥把船登，小船穿行芦苇荡，割来了芦蒿一根根。"

淮安人食用蒌蒿也有较长的历史，明代《天启淮安府志》、清代《乾隆淮安府志》在"物产"类中均将"蒌蒿"列入，称其"根、叶，均可茹"。清代淮安境内夺淮入海的黄河中出产一种美味的河豚，在加工时配以当地出产的"青蒌白苣"，清代乡贤阮葵生先生称其"味致佳绝"。他在京城吃到老乡带来的土产，不由得即兴赋诗："重碧新浮药王船，蒿青苣白佐宾筵。桃花春水袁江路，辜负风光又五年。"[1]

淮安现代野生的蒌蒿以金湖的最为知名，金湖县有 10 万亩滩涂，野生的蒌蒿资源十分丰富，这些野生蒌蒿被加工为蒿茶，价值得到了进一步提升，每 50g 售价达 108 元。全县现有 5 个蒿茶厂，金湖爱特福集团在三河河滩建设了万亩生态蒌蒿园[2]。淮安区栽培的蒌蒿也达万亩以上，淮阴区野生和栽培的蒌蒿也比较多。笔者所在的淮阴师范学院王营校园北区西侧的荒地上有大量野生的蒌蒿生长，阳春三月的时候，这些蒌蒿或成片，或成丛，广泛分布在高低不平的沟渠及土坡上下，蒌蒿叶面青绿，叶背灰白，地下的根状茎比较发达，掐下茎叶有浓郁的芳香。与李时珍在《本草纲目》的描述的"蒌蒿生陂泽中，二月发苗，叶似嫩艾而歧细，面青背白，其茎或赤或白，其根白脆"非常吻合。笔者采挖了一些蒌蒿回去炒食，香脆可口，恰如李时珍所言的"采其根茎，生熟菹曝皆可食，盖嘉蔬也[3]"。笔者还试着将野生的蒌蒿嫩头炒制为茶，味道也不错，有一种特殊的蒿香味。

蒌蒿是一种食药两用的蔬菜，其营养价值丰富，除了含有多种维生素及微量元素外，还含有多种黄酮类物质，特别是其中的侧柏莲酮芳香油成份，使蒌蒿具有特殊的香气。蒌蒿可有生吃、做汤、凉拌、蒸食等多种食法，最常用的方法是炒食，无论是清炒还是与腊肉、香干同炒，只要蒿茎不老，便是佐餐之佳品。

---

1. ［清］阮葵生撰. 李保民校点. 茶余客话. 上海：上海古籍出版社，2012. 165.

2. 浦荣曹，邹建丰. 蒿茶拓出大市场. 江苏农村经济，2002（5）

3. ［明］李时珍. 本草纲目. 刘衡如，刘山永校注. 北京：华夏出版社，2002.656.

4. 马兰头

马兰头为菊科（Compositae）马兰属（*Kalimeris* Cass）马兰（*Kalimeris indica*(L.) Sch.Bip）的嫩茎叶。马兰属全球约20种，我国分布有马兰、毡毛马兰、山马兰、全叶马兰、裂叶马兰、蒙古马兰、长柄马兰等7种。马兰种还有马兰原变种、多裂变种、狭叶变种、狭苞变种等4个变种。

马兰原产亚洲南部和东部，在长江流域分布较广，特别是安徽、江苏、浙江、上海最多，马兰还有马拦头、马蓝、田边菊、路边菊、紫菊、螃蜞头、鱼鳅串、鸡儿肠等别称。据《中国植物志》，"鸡儿肠"虽然作为马兰的别称应用广泛，但为误用名，鸡儿肠为紫菀属（*Aster* L.）三脉紫菀（*Aster ageratoides* Turcz.）的别称，一般不作食用。

马兰为多年生宿根性草本植物，其根状茎有匍匐枝，茎直立，高30～70cm，有分枝，上部被短毛，基部叶花期枯萎，茎叶倒披针形或倒卵状长圆形，无柄，叶较薄，两面有疏微毛或近无毛，头状花序单生枝端，排成疏伞房状，总苞半球形，径0.6～0.9cm，总苞片2～3层，舌状花15～20个，舌片浅紫色，长1cm，管状花长0.35cm，管部被短毛，瘦果倒卵状长圆形，极扁，褐色，边缘有厚肋，花果期5～10月[1]。

马兰野生及栽培品种较多，不同环境中生长的植株变异也比较大，人们按其叶片颜色可将其分为绿色和紫红色两种类型，按其嫩茎颜色又可分红梗和白梗两种类型。《中国蔬菜品种志》只收录了"江浙马兰""安徽马兰"2个品种[2]，这两个品种主要是野生，也有一些地方少量栽培，在淮安也有分布。

马兰是一种食药两用的野菜，全草可入药，其性凉、味辛、无毒，有破宿血、养新血、

1.艾铁民著. 中国药用植物志 第10卷. 北京：北京大学医学出版社，2014.374.

2.中国农业科学院蔬菜花卉研究所编. 中国蔬菜品种志·下卷. 北京：中国农业科技出版社，2001.1320-1321.

止鼻血、消积食、除湿热、利尿凉血、退热止咳、解酒解毒之功效，可用于治疗多种炎症。马兰含有多种人体所需要的营养物质，特别是胡萝卜素、维生素C含量都比较高。

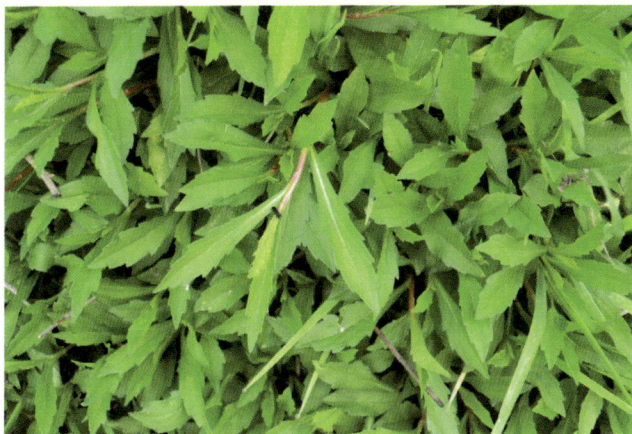

丛生的马兰

马兰作为野菜，在中国具有较长的采食历史，宋陆游诗《戏咏园中百草》就写到过马兰："高高幽草自成丛，过眼儿童采撷空。不知马兰入晨俎，何似燕麦摇春风。"明王磐的《野菜谱》中也有咏及马兰的："马拦头，拦路生，我为拔之容马行，只恐救荒人出城，骑马直到破柴荆。[1]"马兰为什么会叫"马拦头"呢？清袁枚在《随园诗话补遗》中有解释。原来古时某地方郡守、县令调任他处时，当地士绅常令儿童在马前敬献马兰（马拦头），以显示不舍该官离任之意。所以有"欲识黎民攀恋意，村童争献马拦头"这样的诗句，这大概在古代同"送伞、脱靴"一个意思。

笔者小时候在涟水县乡间生活，在挑（挖）猪菜时常将马兰收入菜篮中，不过那不是采回去食用，而是作为猪的青饲料。直到在城里生活时，才看到郊区有人在春天把马兰头采摘下来在街上卖。青绿可爱的马兰头买回来直接炒食，清香之外，略有些苦涩，必须要加点糖才可以把苦味除去。如果把马兰头焯水后切碎，与麻油、香干等拌食，苦味也会淡些。

---

1. ［明］徐光启著. 陈焕良，罗文华校注. 农政全书. 长沙：岳麓书社，2002. 994.

5. 马齿苋

马齿苋属马齿苋科（Portulacaceae）马齿苋属（*Portulaca* L.）马齿苋种（*Portulaca Oleracea* L.）。马齿苋科约有 19 属 580 种，我国现有 2 属 7 种。马齿苋属（*Portulaca* L.）约 200 种，我国有大花马齿苋、毛马齿苋、马齿苋、四瓣马齿苋、沙生马齿苋、小硫球马齿苋等 6 种。

马齿苋又有马苋、五行草、长命菜、五方草、瓜子菜、麻绳菜、马齿草、马苋菜、蚂蚱菜、马齿菜等多种名称，淮安人一般称马齿菜，也有称马脚菜、马筋菜或简称马菜的。马齿苋广布全世界温带和热带地区，我国南北各地均产。马齿苋根据花色可分为黄花种和白花种两种类型，黄花种茎带紫色，白花种茎叶皆为绿色，食用品质更好。

马齿苋为一年生草本植物，全株无毛，茎平卧或斜倚，伏地铺散，多分枝，圆柱形，长 10～15cm，淡绿色或带暗红色。叶多为互生，叶片扁平，肥厚，倒卵形，似马齿状，长 1～3cm，宽 0.6～1.5cm，顶端圆钝或平截，叶柄粗短。花无梗，常 3～5 朵簇生枝端，午时盛开，苞片 2～6 枚，叶状，膜质，近轮生，萼片 2 枚，对生，绿色，盔形，左右压扁，花瓣 5 片，稀 4，黄色，倒卵形，雄蕊通常 8 枚，或更多，花药黄色，子房无毛，花柱比雄蕊稍长，柱头 4～6 裂，线形。蒴果卵球形，长约 0.5cm，盖裂。种子细小，多数，黑褐色，有光泽，花期 5～8 月，果期 6～9 月[1]。

马齿苋耐旱、耐涝、耐热，病虫害极少，适应能力强，在乡村菜园、农田、路旁很容易见到。

马齿苋是一种药食两用的野菜，全草供药用，含有多种有机酸类、黄酮类、萜类、香豆素类、生物碱类等化学物质，具有抗菌、抗病毒、抗肿瘤、降血脂、降血糖、抗衰老等

---

1. 中国科学院中国植物志编辑委员会编. 中国植物志 第 26 卷. 北京：科学出版社，1996. 38.

作用[1]。淮安市人民医院张佩元医生，曾在临床上用鲜马齿苋治疗痈肿恶疮、瘰疬、带下、诸淋等症多例，均取得非常不错的疗效[2]。笔者少时在乡村被蜂类昆虫叮伤，都是采来马齿苋，揉出汁来涂抹伤口，具有明显的止痛防肿效果。如果被蜈蚣咬伤，被蝎子蜇伤，用鲜马齿苋外敷内服，同样具有一定的效果。

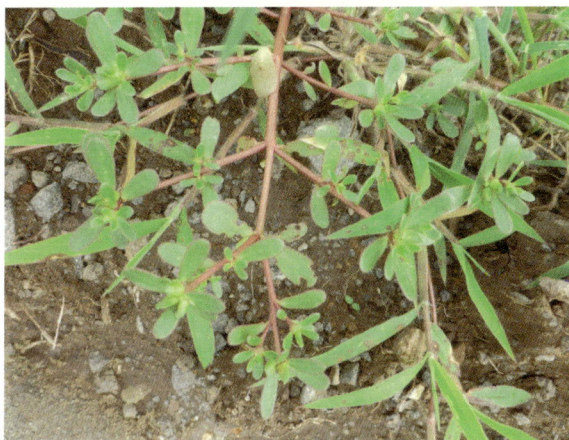

马齿苋

马齿苋营养丰富，干制品中蛋白质占比近30%，含钾、胡萝卜素、去甲肾上腺素、维生素C也比较高。淮安地区的人食用马齿苋，大多将其经开水淖过后晒做干菜，作为包子或面饼的馅料使用。其实新鲜的马齿苋嫩苗，用来炒食、做汤、凉拌也很不错。

6. 蒲公英

蒲公英属菊科（Compositae）蒲公英属（*Taraxacum* F.H.Wigg.）蒲公英组蒲公英种

1.丁怀伟，等. 马齿苋的化学成份和药理活性研究进展. 沈阳药科大学学报，2008. 25（10）：831.

2.张佩元. 马齿苋临床应用体会. 山西中医，1995（6）：45.

（*Taraxacum mongolicum* Hand.-Mazz.）。蒲公英属共有 2000 余种，我国有 70 种，蒲公英属植物根据性状差别可分为短喙蒲公英、白花蒲公英、蒲公英等 14 个组，其中蒲公英组我国有阿尔泰蒲公英、芥叶蒲公英、朝鲜蒲公英、蒲公英、斑叶蒲公英等 5 种。

蒲公英又称蒙古蒲公英、黄花地丁、婆婆丁、灯笼草、姑姑英、地丁等名，淮安一些地方称谷谷丁。我国除了华南、东南和西藏外，全国都有分布，朝鲜、俄罗斯、蒙古也有分布。广泛生于中、低海拔地区的山坡草地、路边、田野、河滩等地。

蒲公英为多年生草本，根圆柱状，黑褐色，粗壮。叶倒卵状披针形、倒披针形或长圆状披针形，长 4～20cm，宽 1～5cm，叶柄及主脉常带红紫色，疏被蛛丝状白色柔毛或几无毛。花葶 1 至数个，与叶等长或稍长，高 10～25cm，上部紫红色，头状花序直径约 30～40mm，总苞钟状，长 1.2～1.4cm，淡绿色，总苞片 2～3 层，外层总苞片卵状披针形或披针形，内层总苞片线状披针形，先端紫红色，具小角状突起，舌状花黄色，边缘花舌片背面具紫红色条纹，花药和柱头暗绿色。瘦果倒卵状披针形，暗褐色，上部具小刺，下部具成行排列的小瘤，冠毛白色，长约 6mm。花期 4～9 月，果期 5～10 月[1]。

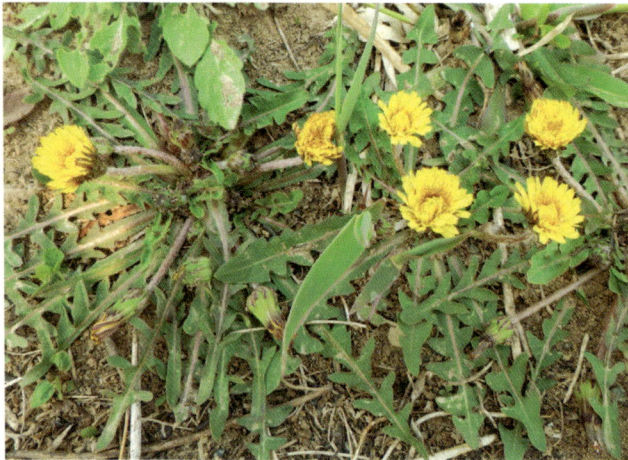

开花的蒲公英

蒲公英分布广，植株大小变异较大，化学成份复杂。其活性成份主要有黄酮

---

1. 中国科学院中国植物志编辑委员会编. 中国植物志 第 80 卷第 2 分册. 北京：科学出版社，1999. 34.

类、萜类、酚酸类、蒲公英色素、植物甾醇类、倍半萜内酯类和香豆素类。蒲公英具有良好的广谱抗菌、抗自由基、抗病毒、抗感染、抗肿瘤作用，有养阴凉血、舒筋固齿、通乳益精、利胆保肝、增强免疫力等功效[1]。

虽然蒲公英营养价值丰富，但作为野菜，蒲公英却并未象菊花脑、马兰、蒌蒿那么被普遍食用。不过在古代，由于在野外很容易采获，其救荒的作用却非常重要。明王磐的《野菜谱》所写的苏北地方60种野菜，第一种就是蒲公英（称白鼓钉），其歌谣称："白鼓钉，白鼓钉，丰年赛社鼓不停，凶年罢社鼓绝声。鼓绝声，社公恼，白鼓钉，化为草。"[2]

淮安人吴承恩在《西游记》第八十六回，写樵夫照待唐僧师徒的野菜席，最前面的两道菜就是"嫩淖黄花菜，酸齑白鼓丁"。现在在淮安富强村和延安路菜场，春天偶然也见到有乡民挖了蒲公英上市销售。

7. 红蓼

红蓼为蓼科（Ploygonaceae）蓼属（*Polygonum*）红蓼种（*Polygonum orientale* L.）。蓼属植物230种，全世界广泛分布，我国有113种24个变种，淮安蓼科蓼属植物种类也比较多，除了红蓼之外，水蓼、酸模叶蓼、齿果酸模、两栖蓼等植物也分布广泛。

红蓼又有东方蓼、狗尾巴花、荭草、水荭、天蓼、大蓼（大蓼有时也为酸模叶蓼别名）、

1.谢沈阳，等. 蒲公英的化学成份及其药理作用. 天然产物研究与开发，2012. 24. 141.

2.［明］徐光启著. 陈焕良，罗文华校注. 农政全书. 长沙：岳麓书社，2002. 990.

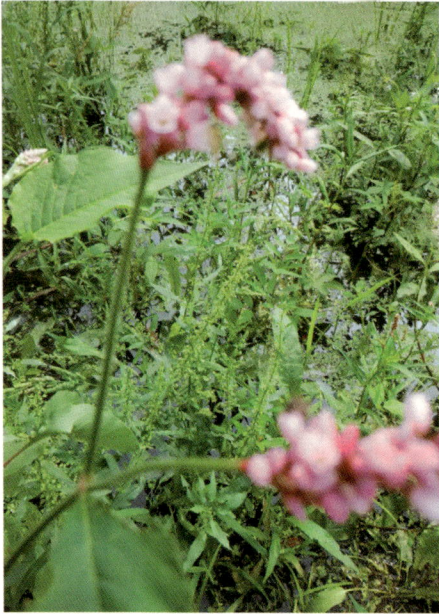
红蓼花开

游龙等名，起源地在中国和澳大利亚，喜温暖而潮湿的环境，常生于路边、溪沟、河边浅水，或积水湿地，庭院中也偶尔得见。中国古代记述这种植物也比较早，《诗经·郑风·山有扶苏》中就有"山有桥松，隰有游龙，不见子充，乃见狡童"之句，此处之"游龙"即为红蓼，之所以诗中以"游龙"称之，取红蓼"枝叶放纵"之意。

红蓼为一年生草本，湿生、浅水生或中生。茎直立，较粗壮，高 $1 \sim 2m$，红褐色，节常膨大，上部分枝较多。叶片卵形至宽卵形，长 $10 \sim 20cm$，宽 $6 \sim 12cm$，先端渐尖，基部近圆形，全缘，托叶鞘筒状，膜质，褐色。花序由多数下垂的穗状花序组成大型圆锥花序，花排列紧密，淡红色至红色，稀白色，花被片 5 枚，深裂，雄蕊 7 枚，花柱 2 枚。瘦果近圆形，扁平，黑色。花果期 $6 \sim 10$ 月[1]。

红蓼中含有木脂素、黄酮类、有机酸、二苯乙烯类、甾体皂苷、胡萝卜苷和山奈酚等化学成份。全草可供药用，药材名为荭草，具有止痛、活血、利湿、祛风的功效，可用于风湿性关节炎、心脏病、胃病等病症的治疗。其根、茎称为"荭草根"，具有清热解毒、通络、明目的功效，可治疗肝硬化腹水、痰嗽喘咳、大小便不利、腹泻、风湿痹病等，红蓼的花序称"荭草花"，具活血、行气、止痛、消积的功能[2]。

红蓼的主要食用方法是凉拌，即用沸水将红蓼嫩叶焯过，再用水冲洗干净，加入调料凉

1.陈耀东，马欣堂，等编著. 中国水生植物. 郑州：河南科学技术出版社，2012. 29.

2.刘娟，等. 红蓼的开放利用及研究进展. 黑龙江医药，2012. 25（4）：542-543.

拌即可食用，也可以洗净后蒸熟食用[1]。公元 1084 年，北宋苏东坡在古泗州城游南山曾作一首"浣溪沙"（《元丰七年十二月二十四日，从泗州刘倩叔游南山》），其中一句"蓼茸蒿笋试春盘"中的"蓼茸"即为红蓼的嫩芽，这说明在宋代，江淮地区的人已经有食用蓼菜的习惯。现在虽然泗州城已沉入洪泽湖底，但在洪泽湖岸边，特别是沿湖北岸，还有大量的红蓼分布。

红蓼除了其嫩叶可作野蔬外，在中国古代可能也作为酒曲使用。据俞为洁考证，江浙一带常用蓼属植物作为酿造米酒的酒曲，虽然多数文献记载作为酒曲或酒草的是辣蓼和水蓼，但也有部分地方使用红蓼的，故红蓼也有酒曲草、酒药草等俗名[2]。在江苏吴江龙南新石器文化遗址曾发现有红蓼的种子，与灿稻、粳稻、甜瓜、菱角等种子在一起，未知当时何用。

红蓼花叶扶疏，枝条秀美，常被栽培作为观赏植物。清《乾隆淮安府志》记述红蓼便把它放在"花卉之属"，称"水荭，蓼花也"[3]。中国古代花鸟画中以红蓼入画的比比皆是。明代客居淮安的倪之煌有诗《晚泊》称"天清泽国蓼花红，欲渡南湖浪正雄"，途经淮安的杨士奇的《发淮安》诗有"岸蓼疏红水荇青，茨菰花白小如萍"之句，这疏红的岸蓼不管是红蓼还是水蓼，都是水乡淮安特有的景致。

8. 水蓼

水蓼为蓼科（Ploygonaceae）蓼属（*Polygonum*）水蓼种（*Polygonum hydropiper* L.）。

1.《轻图典》编辑部著. 中国的野菜轻图典. 南昌：江西科学技术出版社，2012. 27.

2. 俞为洁著. 良渚人的衣食. 杭州：杭州出版社，2013. 107-108.

3. [清] 卫哲治，等修. 叶长扬，等纂. 乾隆淮安府志. 荀德麟，等点校. 北京：方志出版社，2008. 1258.

水蓼的幼苗

蓼属植物种类繁多，与水蓼同属于蓼组的还有红蓼、酸模叶蓼（古称马蓼，也称旱苗蓼、白辣蓼）、两栖蓼、粘毛蓼等。水蓼还有辣蓼、蔷蓼、泽蓼、辛菜、蓼芽菜、苦蓼、辛蓼等名称，泗阳人称水蓼为洋辣棵子。水蓼在我国南北各地适宜的水体中几乎都有生长，朝鲜、日本、印度、印度尼西亚、欧洲及北美洲等地均有分布。

　　古代文献中单称的蓼大多指的是水蓼，当然也有可能指称其它蓼科植物。《诗经》中多次出现"蓼"，如《诗经·周颂·小毖》有"未堪家多难，予又集于蓼"，可翻译为"我不堪国家多患难，又把那辛苦来兜揽"，"蓼"注解为"辛苦之物"，与水蓼的习性正相似。南朝时陶弘景称蓼可食者有三种，一为紫蓼，"相似而紫色"。二为香蓼，"亦相似而香，并不甚辛而好食"。三为青蓼，"人家常有，其叶有圆者、尖者，以圆者为胜"。香蓼为粘毛蓼，紫蓼、青蓼具体为何种，现在还不清楚。清初陈淏子《花镜》中称蓼有"朱蓼、青蓼、紫蓼、香蓼、木蓼、水蓼、马蓼"七种[1]，此处朱蓼为红蓼，香蓼为粘毛蓼，马蓼为酸模叶蓼，木蓼、水蓼现在都有相同学名的植物，紫蓼、青蓼却仍然很难搞清楚究竟是国内 100 余蓼属植物中的哪两种。

水蓼，一年生湿生或水生草本，茎直立，有时倾斜，高 40～100cm，紫红色或红褐色。叶具短柄，叶片披针形，先端尖，全缘，长 4～12cm，宽 1.5～2cm，托叶筒状，腊质，紫褐色，具睫毛。花序穗状，顶生或腋生，细长，花排列稀疏，下部有间断，花被片 5 枚，具腺点，雄蕊 6 枚，花柱 2～3 枚。瘦果卵形，扁平，暗褐色，花果期 6～10 月[2]。

淮安地区大小水体中均有水蓼分布，在洪泽湖，水蓼—李氏禾 + 荇菜还组成水生植物群丛，在安河洼一带沿岸蔓延面积约 21.8km²，春天湖面一片绿色，是洪泽湖野生鱼类生活及产卵的乐土[3]。

作为中药，水蓼全草含辛辣挥发油，主要为水蓼二醛、黄酮类、鞣质等。有祛风、化湿、消肿等功效，可用于痢疾、肠炎、风湿、痈肿、跌打损伤等病症的治疗。

李时珍言："古人种蓼为蔬，收子入药。"水蓼很早就作为蔬菜食用，其嫩叶除了可以像红蓼嫩叶一样开水焯过冷炝凉拌外，还可以清炒，或和面做成饼食。比较特别的是，宋代寇宗奭 1116 年在其所著《本草衍义》里，较早地介绍了一种用水蓼种子进行芽苗菜的培育方法。寇宗奭言："蓼实即草部下品水蓼之子也。彼言水蓼是用茎，此言蓼实是用子也。春初以壶卢盛水浸湿，高挂火上，日夜使暖，遂生红芽，取为蔬，以备五辛盘。[4]"从这里可以看到，水蓼是中国古代除了黄豆芽、绿豆芽之外，最早用于培育芽苗菜的植物[5]。

古时水蓼不仅是蔬菜，还是食物加工中重要的调味品。它和葱、蒜、韭、芥一起，被

1. ［清］陈淏子. 花镜. 修订版. 北京：农业出版社，1962. 391.

2. 陈耀东，马欣堂，等编著. 中国水生植物. 郑州：河南科学技术出版社，2012. 31.

3. 荀德麟主编. 洪泽湖志. 北京：方志出版社，2005. 114.

4. ［明］李时珍. 本草纲目. 刘衡如，刘山永校注. 北京：华夏出版社，2002. 752.

5. 芽苗菜是中国在食品史上的"四大发明"（豆腐、豆芽、豆浆、豆酱）之一，在秦汉时期的《神龙本草经》就记载了作为药用的"大豆黄卷"（黄豆芽）。宋代始有用大豆生豆芽作为蔬菜食用的记载，见于苏颂的 1061 年的《图经本草》，"菜豆为食中美物，生白芽，为蔬中佳品"。

人们称之为"五辛"。《礼记·内则》记载："濡豚，包苦实蓼；濡鸡，醢酱实蓼；濡鱼，卵酱实蓼；濡鳖，醢酱实蓼。"就是说，烧猪肉、鸡肉，煮鱼、煮鳖，都要用水蓼来去除腥味。特别是煮鱼，用蓼最为普遍，唐贾岛有诗《不欺》称"食鱼味在鲜，食蓼味在辛"，宋唐庚诗《白小》称"百尾不满釜，烹煮等芹蓼"，此诗中的"白小"为银鱼。现在人们做菜时，当然很少用水蓼来调味了，不过还有一些残留了以蓼来增味的习惯。如粤菜中有一味菜式叫"蓼豉酱烤墨鱼"，所用的"蓼豉酱"就是用辣蓼叶、白味噌等加工而成的。这里的辣蓼就是水蓼。

水蓼古时还广泛用作制作酒曲或酒药，米酒所用的酒药，早年采用的是蓼曲。蓼曲的制作方法，在宋代的《天工开物》中就有记载。具体的方法是："造面曲用白面五斤、黄豆五升，以蓼汁煮烂，再用辣蓼末五两、杏仁泥十两和踏成饼，楮叶包悬与稻秸罨黄。"此处的蓼汁、辣蓼末，都是来自于水蓼。水蓼之所以可以作为制曲的添加剂，主要是因为蓼末可以成为酵母菌的附着物，进入到面粉中，促进发酵，另外水蓼辛辣，可以杀死其他的杂菌。

值得注意的是，明代北方地区所用的酒曲，主要是产于淮安。《天工开物》记载："凡燕、齐黄酒曲药，多从淮郡造成，载于舟车北市。南方曲酒，酿出即成红色者，用曲与淮郡所造相同，统名大曲。但淮郡市者打成砖片，而南方则用饼团。其曲一味，蓼身为气脉，而米、麦为质料。"[1]

据《天启淮安府志》记载，"淮酒乃天子之名品也，正德以前，人造曲户百余家，多至殷富"。淮安既是造酒重地，又为北方多地提供酒曲，作为古代制曲的重要原料，淮安水蓼之功亦大矣！

1.潘吉星著. 天工开物校注及研究. 成都：巴蜀书社，1989. 624-625.

9. 花蔺（淮安帽子草）

花蔺为花蔺科（Butomaceae）花蔺属（*Butomus*）花蔺种（*Butomus umbellatus* Linn.）。花蔺科有 6 属 9 种，我国产 2 属 2 种，江苏只有花蔺属花蔺种这 1 属 1 种。

花蔺又名莕薂，别称帽子草、猫状草、猪尾巴草等，淮安称帽子草较多。

花蔺属多年生挺水草本植物，常呈排笔状并排生长，匍匐茎粗壮横生。叶基部丛生，叶线形，常直立似剑状，长 27～100cm，宽 0.3～0.7cm，基部近三棱形，有鞘状膜质边缘。花茎圆柱状直立，有纵条纹，顶生花序呈伞状，花序梗细长，花被片 6 枚，外轮 3 枚为花萼，绿色，内轮 3 枚为花瓣，淡红色或紫红色，直径约 2cm，雄蕊 9 枚，花丝扁平，雌蕊柱头纵褶状，向外弯曲。蓇葖果顶端有长喙，种子细小，多数，褐色，花果期 6～10 月。

花蔺在江苏分布以淮安最多，多生于沼泽或浅水塘中，叶可编织凉帽或作造纸原料，地下茎肥厚洁白，可以食用，也可以作观赏花卉[1]。明徐光启《农政全书》有介绍其食用方法："采根，揩去皴及毛，用水淘净，蒸熟食，或晒干炒熟食，或磨作面蒸食，皆可[2]。"

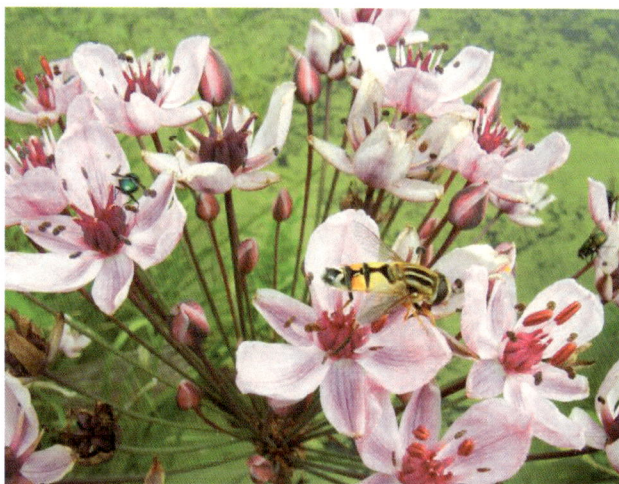

花蔺

---

1. 江苏地方志编纂委员会编. 江苏省志·生物志·植物篇. 南京：凤凰出版社，2005. 102.

2. ［明］徐光启著. 陈焕良，罗文华校注. 农政全书. 长沙：岳麓书社，2002. 859.

1951 年时，中国科学院植物分类研究所华东工作站的一些植物学家，来到苏北进行植物的分类调查工作。他们在淮安一些河滩上发现了广泛分布的花蔺种群。称"此外成群落的，有蕅藆（花蔺的别名），生于河边沙滩上，花茎颇长，顶生淡红白的花，排列成伞形状，相当美观，地下茎很发达，据船夫讲，幼嫩的可以食用"[1]。

花蔺因为花美叶好，现在主要作观赏植物栽培使用。

10. 藜

灰条菜，学名藜，属藜科（Chenopodiaceae）藜属（*Chenogodium* L.）藜种（*Chenogodium album* L.）。藜属植物全球约 250 种，分布全世界，我国产 19 种 2 亚种。

除了灰条菜之外，藜又有灰灰菜、灰菜、藜藿等名。《诗经·小雅·南有嘉鱼之什》国有"南山有台、北山有莱"的诗句，其"莱"即为藜。作为野菜，藜的食法常与野生的苋差不多，所以古代很多时候都是藜苋并称。陆游诗中就有"书生岁恶甘藜苋""天遣作盎盛藜苋"等句。

藜为一年生草本，高 30～150cm。茎直立，粗壮，具条棱及绿色或紫红色色条，多分枝，枝条斜升或开展。叶片菱状卵形至宽披针形，长 3～6cm，宽 2.5～5cm，先端急尖或微钝，基部楔形至宽楔形，上面通常无粉，有时嫩叶的上面有紫红色粉，下面多少有粉，边缘具不整齐锯齿，叶柄与叶片近等长，或为叶片长度的 1/2。花两性，花簇于枝上部排列成或大或小的

1.周太炎，等. 苏北植物采集与观察简报. 中国植物学杂志，1951（2）：62.

穗状圆锥状或圆锥状花序，花被裂片 5 枚，宽卵形至椭圆形，背面具纵隆脊，有粉，先端或微凹，边缘膜质，雄蕊 5 枚，花药伸出花被，柱头 2 枚。果皮与种子贴生。种子横生，双凸镜状，花果期 5～10 月。[1]

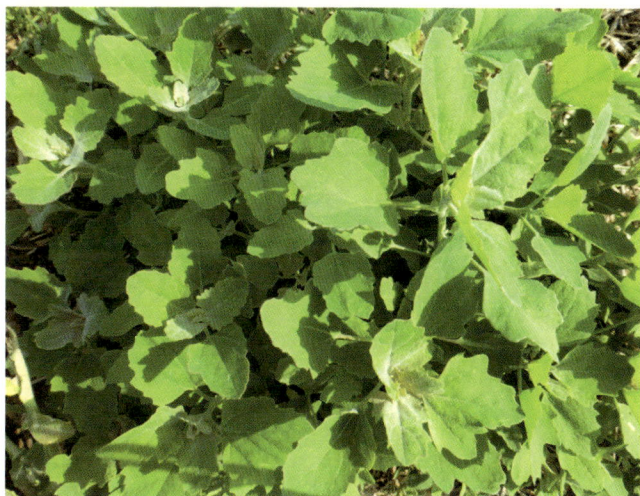
灰藜

藜有灰藜、杖藜之分，杖藜其叶绿中带红，叶上有红粉，所以被称之为胭脂草、鹤顶草。灰藜叶灰绿色，叶上有白粉。

野生的藜适应能力强，常生于盐碱地中，藜在苏北主要是作为农田杂草，可以被采集作为猪的饲料。在初春季节，其嫩叶可作为野菜采食，可冷炝，也可作汤或制饼食用。古代人还常将其采集后，用开水焯过后，晒成灰条菜干，用做包子或菜饼的馅料。《红楼梦》中平儿就向刘姥姥要过灰条菜干，称城里人爱吃这些野菜。明代高邮人王磐的《野菜谱》中收此，称其为灰条，歌其曰："灰条复灰条，采采何辞劳。野人当年饱藜藿，凶岁得此为佳肴。东家鼎食滋味饶，彻却少牢羹太牢。[2]"清初淮安诗人张养重贫困时也采野藜为食，他的《秋心》组诗第四首有"紫荆静掩贫如洗，敲火寒炊饭野藜"。清《乾隆淮安府志》在"物产"一类的"蔬瓜之属"中收入"藜藿"和"灰藋"，称"藜藿，凡叶可食者皆为藜藿，一名独埽，苗嫩可食，老可为扫帚、作杖"；"灰藋，藜属也，名胭脂菜，嫩可食"。前者指的是灰藜，后者指的是杖藜。

---

1. 中国科学院《中国植物志》编辑委员会编. 中国植物志. 第 25 卷（2）. 科学出版社，1979. 98.

2. ［明］徐光启著. 陈焕良，罗文华校注. 农政全书. 长沙：岳麓书社，2002. 996.

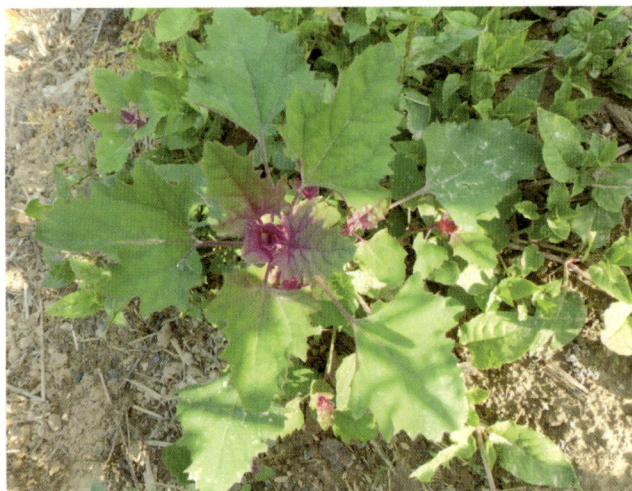

杖藜

"灰条熟烂能中吃"（吴承恩语），笔者小时候采摘过灰条菜做汤食用过。现在走在淮安的田野上，灰藜、杖藜还很多，不过在春天采其作为野菜食用的人已经很少了。偶然一次在市区的路上见到一位妇女在自行车上放了一大把的灰条菜，问她带回去做什么，言准备作饼食用。

11. 野豌豆

野豌豆为豆科（Leguminosae）蝶形花亚科（*Papilionoideae*）野豌豆属（或称巢菜属，*Vicia* L.）野豌豆、救荒野豌豆、硬毛果野豌豆、窄叶野豌豆等几种植物的统称。野豌豆属约200种，产北半球温带至南美洲温带和东非。我国有43种5变种，广布于全国各省区。淮安地区分布的主要有救荒野豌豆（*Vicia sativa* L.）、硬毛果野豌豆（*Vicia hirsuta*

(L.) Gray）、窄叶野豌豆
（*Vicia angustifolia* L. ex
Reichard）等多种。

　　救荒野豌豆又有大巢菜、
薇、野豌豆、野绿豆、箭舌野
豌豆、草藤、山扁豆、雀雀豆、
苕子等别称。原产于亚洲西部
和欧洲南部，《诗经·小雅·采
薇》中的"薇"一般就是指
救荒野豌豆和硬毛果野豌豆，

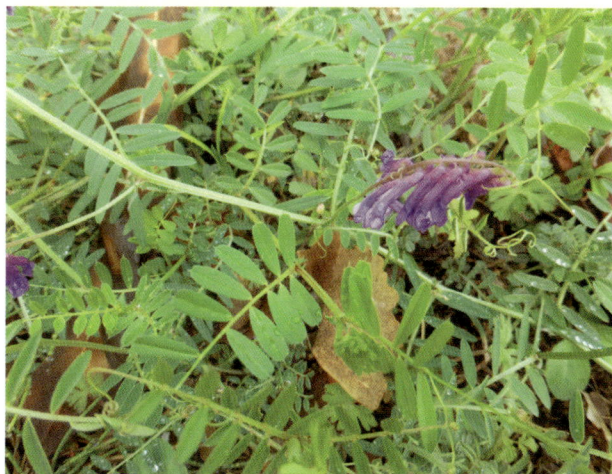

开花的野豌豆

诗中"采薇采薇，薇亦作止""采薇采薇，薇亦柔止""采薇采薇，薇亦刚止"以薇菜的出土、
发芽、老熟作为诗的起兴。《诗经·召南·草虫》中也有"陟彼南山，言采其薇"这样的句子。
司马迁的《史记·伯夷列传》还记述了殷商灭国后，伯夷、叔齐义不食周粟，隐于首阳山，
采薇而食的故事。这都说明我国先民比较早地把救荒野豌豆、硬毛果野豌豆（又称小巢菜、
元修菜）等植物作为野菜而采食。

　　救荒野豌豆分布广、耐贫瘠，在灾荒年代是充饥的救命野菜。明代王磐的《野菜谱》
中收此，称其为野绿豆，赋诗称："野绿豆，匪耕耨。不种而生，不其而秀，摘之无穷，食
之无臭。百谷不登，尔何独茂？"诗注此称："野绿豆，生熟皆可食，茎叶似绿豆而小，生
野田，多藤蔓。"[1]

　　救荒野豌豆为一年生或二年生草本，高 15～100cm。茎斜升或攀援，单一或多分枝，
具棱，被微柔毛。偶数羽状复叶长 2～10cm，卷须有 2～3 分支，托叶戟形，通常有 2～4

---

1. ［明］徐光启著. 陈焕良，罗文华校注. 农政全书. 长沙：岳麓书社，2002. 999.

裂齿，小叶 2～7 对，长椭圆形或近心形。花腋生，近无梗，萼钟形，外面被柔毛，花冠长 1.8～3cm，紫红或红色，旗瓣长倒卵圆形，先端圆，微凹，中部两侧缢缩，翼瓣短于旗瓣，龙骨瓣短于翼瓣，子房线形，微被柔毛，胚珠 4～8 颗，子房具柄短，花柱上部被淡黄白色髯毛。荚果线长圆形，长约 4～6cm，宽 0.5～0.8cm，表皮土黄色，成熟时背腹开裂。种子圆球形，棕色或黑褐色。花期 4～7 月，果期 7～9 月[1]。

硬毛果野豌豆又有小巢菜、元修菜、翘摇、飘摇草、白花苕子等别称。清《乾隆淮安府志》在"物产·蔬瓜之属"中收入"薇"作为地方蔬菜加以介绍，称"薇名野豌豆，藿可做羹，东坡所谓元修菜也"[2]。这种元修菜始产于四川，苏轼很喜欢吃这种菜，特作《元修菜》诗及《记元修菜》文以传之。文称："蜀中有菜，如豌豆而小，食之甚善，耕而覆之，能肥瘠地。性甚热，食之使人呀呷，若以少酒晒而蒸之，则甚益人，而不为害。眉山巢谷元修，始以其子来黄州，江淮间始识之。此菜名巢菜，黄州人谓之元修菜。"[3]

硬毛果野豌豆为一年生草本，高 15～90cm，攀援或蔓生。茎细柔有棱，近无毛。偶数羽状复叶末端卷须分支，托叶线形，基部有 2～3 裂齿，小叶 4～8 对，线形或狭长圆形。总状花序明显短于叶，花萼钟形，萼齿披针形，花密集于花序轴顶端，花甚小，仅长 0.3～0.5cm，花冠白色、淡蓝青色或紫白色，稀粉红色，旗瓣椭圆形，长约 0.3cm，先端平截有凹，翼瓣近匀形，与旗瓣近等长，龙骨瓣较短，子房无柄，密被褐色长硬毛，花柱上部四周被毛。荚果长圆菱形，表皮密被棕褐色长硬毛。种子 2 颗，扁圆形，两面凸出。花果期 2～7 月[4]。

救荒野豌豆、硬毛果野豌豆，嫩茎叶、嫩荚果均可食用，蛋白质含量高，嫩茎叶用开水焯后可凉拌、炒食或做汤，其嫩荚果也可焯水后炒食。野豌豆茎叶含微量氢氰酸，最好用开水焯过后食用比较安全。笔者曾采集救荒野豌豆食用，焯水后凉拌，稍放些盐、麻油、蒜瓣、白糖和香醋，口味很好。

---

1. 中国科学院《中国植物志》编辑委员会编. 中国植物志. 第 42 卷（2）. 北京：科学出版社，1998. 268.

2. ［清］卫哲治，等修. 叶长扬，等纂. 乾隆淮安府志. 荀德麟，等点校. 北京：方志出版社，2008. 1255.

3. ［宋］沈括，苏轼撰. 苏沈良方. 杨俊杰，王振国点校. 上海：上海科学技术出版社，2003. 120.

4. 中国科学院《中国植物志》编辑委员会编. 中国植物志. 第 42 卷（2）. 北京：科学出版社，1998. 265.

野豌豆为农田常见杂草，在弃耕的农田或荒地上常见连片生长，是优良的牲畜饲料，也有很多地区栽培作绿肥。从苏轼的记元修菜"耕而覆之，能肥瘠地"看，我国的先民很早就在农业生产中栽培这些豆科植物作为肥料使用。

12. 野苋菜

野苋菜为苋科（Amaranthaceae）苋属（*Amaranthus* L.）中反枝苋、邹果苋、刺苋等几种野生苋菜的统称。苋属植物全世界共 40 种，我国产 13 种，其中多数可作为野菜食用，淮安地区刺苋、反枝苋、邹果苋、绿穗苋、凹头苋野外分布较多。野苋在一些《本草纲目》中被称细苋、糠苋，由于野苋常作猪菜，也有人称之以猪苋[1]。有的文献中野苋菜特指凹头苋，以假苋菜称之于皱果苋，以苈苋菜称之于刺苋[2]。亦有将马齿苋称为野苋者。

苋属植物大多一年生草本，茎直立或伏卧。叶互生，全缘，有叶柄。花单性，雌雄同株或异株，或杂性，成无梗花簇，腋生，或腋生及顶生，再集合成单一或圆锥状穗状花序，每花有 1 苞片及 2 小苞片，干膜质，花被片 5 枚，少数 1～4 枚，大小相等或近此，绿色或着色，薄膜质，直立或倾斜开展，在果期直立，间或在花期后变硬或基部加厚，雄蕊 5 枚，少数 1～4 枚，花丝钻状或丝状，基部离生，花药 2 室；无退化雄蕊，子房具 1 直生胚珠，花柱极短或缺，柱头 2～3 枚，钻状或条形，宿存，内面有细齿或微硬毛。胞果球形或卵

---

1. ［明］李时珍. 本草纲目. 刘衡如，刘山永校注. 北京：华夏出版社，2002. 1110.
2. 杨景俊编著. 野菜采集与食药养生. 北京：金盾出版社，2014. 9-12.

青嫩的野苋

形，侧扁，膜质，盖裂或不规则开裂，常为花被片包裹，或不裂，则和花被片同落。种子球形，凸镜状，侧扁，黑色或褐色，光亮，平滑[1]。

野苋菜多数耐旱耐瘠，喜肥喜光，适应性较强。多数性寒味甘，富含维生素C，不但清热解毒，而且健胃清肠，是民间最常用的清热解毒良药。食用方法与栽培的苋菜相似，适合炒食或做汤，也可经开水烫过后冷焓，古人称其味胜于家苋[2]。同苋菜一样，食用的野苋一定要鲜嫩时采摘，当开花之后，茎叶纤维化程度高时，可食性就明显变差。

13. 盱眙地皮菜

地皮菜，属蓝藻门（Cyanophyta）藻殖段纲（Hormogonophyceae）念珠藻目（Nostocales）念珠藻科（Nostocaceae）念珠藻属（*Nostoc Vaucher*）地木耳种（*Nostoc*

1. 中国科学院中国植物志编辑委员会编. 中国植物志 第二十五卷（2）. 北京：科学出版社，1979. 203-204.
2. ［清］顾仲著. 刘筑琴注译. 养小录. 西安：三秦出版社，2005. 115.

commune Vauch.）。又称地耳、地踏菜、地踏菇、葛仙米等。

　　地皮菜幼期球形，成熟后扩展呈皱褶片状，有时不规则裂开，宽可达数厘米，蓝绿色、橄榄绿色或褐黄色。丝体弯曲，缠绕，群体胶被仅在四周明显。藻丝宽 4.5～6μm，细胞短桶形或近球形，异形胞近球形，直径约为 7μm，孢子外壁光滑无色，椭圆形。常生于路边树皮及潮湿的土表上 [1]。

　　地皮菜营养价值丰富，其总氨基酸含量高达 17.93%，其中鲜味氨基酸，如天门冬氨酸、谷氨酸、甘氨酸、丙氨酸等占总氨基酸达 42.95%，所以具有特别的鲜味。其脂肪含量低，

1.朱浩然主编. 中国淡水藻志. 蓝藻门. 藻殖段纲. 北京：科学出版社，2007. 169.

矿物质元素含量也很丰富[1]，是非常好的养生野味。地皮菜有炒食、做汤、冷炝等多种食法，淮安当地最常见的是地木耳炒韭菜、地皮菜炒鸡蛋。

地皮菜在淮安地区许多地方都可见到，其中盱眙所产最为知名，成为地方特产。在清《乾隆淮安府志》中已有记述地皮菜作为地方"蔬瓜之属"的物产，其名为"胜菜"，称"春雨过，生荒地，如小木耳，晒干炸食佳"[2]。明代苏北王磐的《野菜谱》中将地皮菜称为"地踏菜"，称地踏菜"一名地耳，状如木耳，春夏生雨中，雨后采，熟食，见日即枯没"。咏其歌谣曰"地踏菜，生雨中，晴日一照郊原空。庄前阿婆呼阿翁，相携儿女去匆匆。须臾采得青满笼，还家饱食忘岁凶，东家懒妇睡正浓"[3]。

地皮菜在盛世是非常不错的野菜保健品，在灾荒年代则是救荒保命的食药。在上个世纪60年代初的大饥荒时期，盱眙县当时除了计划用粮外，就靠"瓜菜代"，即"拾地皮菜，采挖菱角、芡实、藕"等措施度过了难关。

---

1. 郗贵龙, 纪丽莲, 等. 地皮菜营养成分分析与评价. 营养学报, 2010（1）：98.

2. ［清］卫哲治, 等修. 叶长扬, 等纂. 乾隆淮安府志. 荀德麟, 等点校. 北京：方志出版社, 2008. 1256.

3. ［明］徐光启著. 陈焕良, 罗文华校注. 农政全书. 长沙：岳麓书社, 2002. 993.

参考文献

[1] 毛鼎来. 淮安天妃宫蒲菜、花蕊藕. 江苏政协, 2000(10): 39.

[2] 柳凯, 等. 江苏淮安蒲菜种群特征及优质生产技术要点. 江苏农业科学, 2015.43（10）:
227.

[3] 江苏省农林厅编. 江苏特色农业. 北京: 中国农业出版社, 2005.

[4] 柯卫东, 刘义满, 黄新芳主编: 水生蔬菜安全生产技术指南. 北京: 中国农业出版社,
2012.

[5] 中国科学院中国植物志编辑委员会. 中国植物志. 第 8 卷. 1992.

[6] 柯卫东主编. 水生蔬菜研究. 武汉: 湖北科学技术出版社, 2009.

[7] 江用文主编. 国家作物种质资源圃保存资源名录. 北京: 中国农业科学技术出版社,
2005.

[8] 陈耀东, 马欣堂, 等编著. 中国水生植物. 郑州: 河南科学技术出版社, 2012.

[9] 张稚庐. 蒲菜　昔日珍蔬扬明湖. 走向世界. 2012(24): 34.

[10] 金启华. 诗经全译. 南京: 江苏古籍出版社, 1984.768.

[11] [清] 嵇璜. 续通志. 卷一百七十四昆虫草木略. 清文渊阁四库全书本.

[12] [明] 李时珍. 本草纲目. 刘衡如, 刘山永校注. 北京: 华夏出版社, 2002.

[13] [清] 沈青峰. 雍正陕西通志. 卷四十四. 清文渊阁四库全书.

[14] [清] 李桂林. 光绪吉林通志. 卷三十三食货志六. 清文渊阁四库全书.

[15] [清] 何绍基《(光绪) 重修安徽通志》卷八十五. 清光绪四年刻本.

[16] [明] 姚可成. 救荒野谱. 清借月山房丛钞本. 9.

［17］孙玉东，徐冉，朱国红. 蒲菜新品种淮蒲一号. 中国蔬菜，2011（15）：36–37.

［18］王其超，张行言编著. 中国荷花品种图志. 北京：中国林业出版社，2005.

［19］［清］赵宏恩. 江南通志. 卷八十六. 食货志. 清文渊阁四库全书本.

［20］吴洪颜，乔晓波，许波. 江苏涟水地区浅水藕种植气候区划研究. 南京：江苏农业科学，2012，40(8).

［21］韩开春. 水边记忆. 重庆：重庆大学出版社，2010.

［22］［唐］杜甫. 杜诗祥注. 卷二. 清文渊阁四库全书本.

［23］《中国蔬菜》编辑部编. 蔬菜优良品种及栽培技术. 北京：北京科学技术出版社，1988.

［24］卢丽群. 水芹和克氏原螯虾、鱼类轮作混养技术初探. 科学养鱼，2010（3）.

［25］中国农业科学院蔬菜花卉研究所主编. 中国蔬菜品种志（下）. 北京：中国农业科技出版社，2001.

［26］［晋］郭璞. 尔雅疏. 卷八. 清嘉庆二十年南昌府学重刊宋本十三经注疏本.

［27］［明］文震亨著. 图版长物志. 汪有源，胡天寿译. 重庆：重庆出版社，2008.

［28］［清］卫哲治，阮学浩修，叶长杨，顾栋高纂. 荀德麟点校. 乾隆淮安府志. 北京：方志出版社，2008.

［29］［明］徐光启. 农政全书. 陈焕良，罗文华校注. 长沙：岳麓书社，2002.

［30］阿蒙. 时蔬小话. 北京：商务印书馆，2014.

［31］彭世奖. 中国作物栽培简史. 北京：中国农业出版社，2012.

［32］江苏省地方志编纂委员会编. 江苏省志·园艺志. 南京：凤凰出版社，2003.

［33］李力，龚廷泰主编. 2014 江苏法治发展报告 No.3 2014 版. 北京：社会科学文献出版社，2014.

［34］陈田辑撰. 明诗纪事 2. 上海：上海古籍出版社，1993.

［35］韩开春. 水边记忆. 重庆：重庆大学出版社，2010.

［36］荀德麟，章大李主编. 洪泽湖志编纂委员会编. 洪泽湖志. 北京：方志出版社，2003.

［37］兰姨著. 江南味道. 桂林：漓江出版社，2014.

［38］［明］宋祖舜修. 方尚祖纂. 荀德麟，等点校. 天启淮安府志. 北京：方志出版社，
2008.

［39］高岱明. 中国美食淮扬菜. 南京：江苏人民出版社，2012.

［40］［清］阮葵生. 茶余客话. 卷八. 光绪十四年刻本.

［41］［民国］王光伯辑.（清）李元庚著，淮安河下志. 山阳河下园亭记. 北京：方志出版
社，2006.

［42］［明］薛修，陈艮山纂. 荀德麟，等点校. 正德淮安府志. 北京：方志出版社，2009.

［43］章来福. 淮安的笆菜. 淮海晚报. 2010-10-26.

［44］朱明超，孙玉东，等. 黑笆菜. 北京农业，1986（6）.

［45］中国农业科学院蔬菜花卉研究所编. 中国蔬菜品种志·上卷. 北京：中国农业科技出
版社，2001.

［46］朱明超，王伟中，等. 江苏淮安地区特有蔬菜品种. 江苏农业科学，2003(5).

［47］小号鲨鱼. 江湖歌者. 北京：中国友谊出版公司，2005.

［48］朱德蔚等主编. 中国作物及其野生近缘植物. 蔬菜作物卷. 上. 北京：中国农业出版
社，2008.

［49］刘宜生主编. 中国大白菜. 北京：中国农业出版社，1998.

［50］王杨，辛俊，等. 江苏省特色蔬菜资源分布与保护利用对策. 南昌：江西农业学报，
2009(7).

［51］孙玉东等. 大白菜新品种——淮黄3号. 上海蔬菜，2013(6).

［52］中国农学会遗传资源学会编. 中国作物遗传资源. 北京：中国农业出版社，1994.

［53］黄善香主编. 中国种植养殖技术百科全书（第2卷）. 海口：南方出版社，1999.

［54］郭裕环. 情系霉干菜. 淮海晚报. 2009-12-27.

［55］彭云著. 寻菜小记. 载海州乡谭. 沈阳：沈阳出版社，2001.

［56］李式军，刘凤生编著. 珍稀名优蔬菜 80 种. 北京：中国农业出版社，1995.

［57］刘扬生编著. 江苏传统名特食品. 南京：南京大学出版社，1990.

［58］赵建峰，孙玉东，等. 淮安地方特色蔬菜紫芽青萝卜生产技术规程现代园艺，2015
（2）.

［59］闵二虎，董芝杰. 安东三宝. 烹调知识，2010（7）.

［60］潘超等编. 中华竹枝词全编 3. 北京：北京出版社，2007.

［61］［宋］张耒. 张耒集上、下. 北京：中华书局，1998.

［62］田玉堂编著. 中国名食典故. 北京：中国商业出版社，1994.

［63］［唐］韦绚. 刘宾客嘉话录. 明顾氏文房小说本.

［64］中国科学院《中国植物志》编辑委员会编. 中国植物志. 第 33 卷. 北京：科学出版
社，1987.

［65］［清］吴其浚原著. 植物名实图考校注. 北京：中医古籍出版社，2008.

［66］孙志慧编著. 饮食宜忌与食物搭配大全. 天津：天津科学技术出版社，2014.

［67］中国农业科学院蔬菜花卉研究所主编. 中国蔬菜栽培学. 北京：中国农业出版社，
2010.

［68］张和义，胡萌潮编著. 特菜安全生产技术指南. 北京：中国农业出版社，2011.

［69］周永才等编著. 江浙沪名土特产志. 南京：南京大学出版社，1987.

［70］南京市浦口区地方志编纂委员会编. 浦口区志. 北京：方志出版社，2005.

［71］李政行，等著. 中国传统名特产大全. 太原：山西人民出版社，1992.

［72］钟士和主编. 淮安市志编纂委员会编. 淮安市志. 南京：江苏人民出版社，1998.

［73］徐海斌，等. 腌制大头菜亚硝酸盐含量及降低措施研究. 西南农业学报，2011：24
（4）.

［74］中国科学院《中国植物志》编辑委员会编. 中国植物志. 第 55 卷 (3). 北京：科学出版

社，1992.

[75] 高国训主编. 大葱、洋葱、大蒜生产关键技术百问百答. 北京：中国农业出版社，
2009.

[76] 张德纯. 分葱. 中国蔬菜，2014（3）

[77] 浙江农业大学主编. 蔬菜栽培学. 杭州：浙江人民出版社，1961.

[78] 马丽娜，等. 大蒜主要活性成分及药理作用研究进展. 中国药理学通报，2014.
（30）:6.

[79] 中国科学院《中国植物志》编辑委员会编。中国植物志. 第14卷. 北京：科学出版
社，1980.

[80] 陈士林，林余霖主编. 中国药材图鉴 中药材及混伪品鉴别 第4卷. 北京：中医古籍出
版社，2013.

[81] 刘海明，等. "姜"及其相关植物的原植物考. 中国农学通报，2015.31（4）

[82] [宋] 沈括，苏轼撰. 苏沈良方. 杨俊杰，王振国点校. 上海：上海科学技术出版社，
2003.

[83] 中国科学院《中国植物志》编辑委员会编。中国植物志. 第16卷（2）.北京：科学出
版社，1981.

[84] 孙宏春，等. 生姜在食品加工中的开发现状及发展前景. 中国食物与营养，2008（1）.

[85] 中国科学院《中国植物志》编辑委员会编. 中国植物志. 第55卷（2）. 北京：科学出版
社，1981.

[86] 付起凤，等. 小茴香化学成分及药理作用的研究进展. 中医药信息，2008（5）.

[87] 董玉琛，郑殿升主编. 中国作物及其野生近缘植物. 粮食作物卷. 北京：中国农业出版
社，2006.

[88] 中国科学院《中国植物志》编辑委员会编. 张振万，等编著. 中国植物志.第42卷(2).
北京：科学出版社，1998.

［89］范成林著. 毛立发，等整理. 淮阴区乡土史地. 北京：方志出版社，2008.

［90］庞明德，乔丽霞主编. 日光温室葱、蒜、甘蓝、豆类蔬菜栽培技术石家庄：河北科学
技术出版社，2009.

［91］邱庞同著. 饮食杂俎 中国饮食烹饪研究. 济南：山东画报出版社，2008.

［92］万相龙主编. 淮扬菜美食传奇. 哈尔滨：黑龙江人民出版社，2006.

［93］淮安市志编纂委员会编. 淮安市志. 南京：江苏人民出版社，1998.

［94］何国浩，马育华. 江淮下游地区大豆品种的聚类分析. 大豆科学，1983.2（4）.

［95］徐海风，等. 26 份菜用大豆品种指纹图谱的构建及其遗传多样性分析. 江苏农业科
学，2014.42（5）

［96］范成林著. 毛立发等整理. 淮阴区乡土史地. 北京：方志出版社，2008.

［97］沙爱华，熊渠主编. 无公害大豆种植技术. 武汉：崇文书局，2009.

［98］朱德蔚，等主编. 中国作物及其野生近缘植物. 蔬菜作物卷. 下. 北京：中国农业出版
社，2008.

［99］张伯福，等编. 食物选购鉴别问答. 济南：山东科学技术出版社，1998.

［100］江苏省农业科学院 1982 年研究工作简报. 1983.

［101］张德纯. 蔬菜史话——扁豆. 中国蔬菜，2009（9）.

［102］［清］吴瑭. 温病条辨. 清嘉庆问心堂刻本.

［103］游修龄. 蚕豆的起源与传播问题. 自然科学史研究，1993.12（2）.

［104］顾忠仪，张进成，等. 蚕豆品种淮安大蚕豆. 中国种业，2004（11）.

［105］谭斌，等. 20 种中国蚕豆的烹煮加工适用性分析. 中国粮油学报，2009.24（11）.

［106］谭洪卓，等. 20 种蚕豆淀粉物理特性、糊化回生特性与粉丝品质的关系. 食品与生
物技术学报，2010.29（2）

［107］中国科学院《中国植物志》编辑委员会编. 中国植物志. 第 73 卷 (1). 北京：科学出
版社，1986.

[108] 陈杏禹编著. 黄瓜高效栽培新模式. 北京：金盾出版社，2014.

[109] 陈学好编著. 瓜类蔬菜设施栽培. 北京：中国农业出版社，2013.

[110] 焦自高，等编著. 西瓜、甜瓜保护地栽培技术. 济南：山东科学技术出版社，2002.

[111] 季海军，孙玉东，徐冉. 塑料大棚秋季哈密瓜优质高效栽培技术. 蔬菜，2014（5）.

[112] 赵传集编. 中国蔬菜历史起源研究雏议 瓜菜篇. 山东省农业科学院情报资料研究所，1984.

[113] 陈沁滨，南海，等著. 生态温室蔬菜高效栽培技术. 北京：中国农业出版社，2005.

[114] 赵建峰，王伟中，孙玉东，等. 淮北地区早春大棚苦瓜高效栽培技术. 上海蔬菜，2011（5）.

[115] 赵建峰，王伟中，孙玉东，等. 淮安地区苦瓜大棚秋延后高产栽培技术长江蔬菜，2013（15）.

[116] 赵建峰，孙玉东，等. 淮农长绿1号苦瓜. 蔬菜，2012（1）.

[117] 吴邦良，等编著. 实用园艺手册. 合肥：安徽科学技术出版社，1999.

[118] 李昕升，王思明. 再析"北瓜". 农业考古，2014（6）.

[119] 李宏庆主编. 华东种子植物检索手册. 上海：华东师范大学出版社，2010.

[120]《清河区志》编纂委员会编. 清河区志. 南京：江苏古籍出版社，2003.

[121] 卫聚贤著. 中国人发现美洲. 昆明：说文书店，1982.

[122] 金德华，等编著. 人民的好总理 周恩来纪念馆. 北京：中国大百科全书出版社，1998.

[123] 中国科学院《中国植物志》编辑委员会编. 中国植物志. 第73卷(1). 北京：科学出版社，1986.

[124] 吴敬学，等. 中国西瓜产业经济研究. 北京：中国农业出版社，2013.

[125] 宋春香，卢飞. 淮安市大棚西瓜品种比较试验. 现代农业科技，2009（4）.

[126] 罗德旭，孙玉东，等. 淮蜜2号西瓜. 蔬菜，2013(12).

［127］张德纯. 蔬菜史话——瓠瓜. 中国蔬菜，2009（1）.

［128］郭本功. 保健佳蔬——瓠瓜. 上海蔬菜，2005（2）.

［129］张谷曼. 瓠瓜变苦是一种返祖现象. 福州：福建农业科技，1979（1）.

［130］冯洋，等编. 特种蔬菜栽培技术（下）. 呼和浩特：远方出版社，2005.

［131］徐玲玲，陆彦平. 淮安红椒越来越"红". 淮安日报，2013-3-26.

［132］徐慧，蒋功成. 淮安红椒产业发展对地方特色蔬菜资源开发的启示现代农业科技，2014（13）.

［133］赵平，黄玉. 淮安红椒照亮富民路，江苏农村经济，2010(10).

［134］王锡明，等. 淮安红椒采收、分级、包装技术规程. 长江蔬菜，2011（19）.

［135］中国农业科学院编. 农业科技要闻选编. 第二集. 北京：中国农业科技出版社，1985.

［136］刘金兵编著. 棚室辣椒栽培技术. 南京：江苏科学技术出版社，1999.

［137］叶列. 创业接力——淮阴区辣椒制种大户刘桂兰的故事. 淮安日报，2014-11-23.

［138］中国科学院《中国植物志》编辑委员会编. 中国植物志. 第67卷（1）. 北京：科学出版社，1978.

［139］江苏省植物研究所. 江苏植物志（下）. 南京：江苏科学技术出版社，1982.

［140］［清］丁宜曾. 农圃便览. 清乾隆原刻本.

［141］［明］刘基. 多能鄙事. 卷三饮食类. 明嘉靖四十二年. 范惟一刻本.

［142］［明］高濂. 遵生八笺. 雅尚斋遵生八笺. 卷之十二. 饮馔服食笺. 中明万历刻本.

［143］王统葆. 佳蔬竞鲜. 南京：江苏科学技术出版社，1983.

［144］严冰编著. 大医吴鞠通轶事. 北京：中医古籍出版社，2012.90-91.

［145］史新敏，等. 江苏淮山药生产现状与产业发展. 江苏农业科学，2010（5）:527.

［146］樊雅莉. "怀"与"淮"在中药名中的使用辨析. 科技与出版，2008(9):35.

［147］中国科学院《中国植物志》编辑委员会编. 中国植物志. 第75卷. 北京：科学出版

社，1979.

[148] 孔涛，吴祥云. 菊芋中菊糖提取及果糖制备研究进展. 食品工业科技，2013.34
（18）:375.

[149] 苏祖芳著. 春草晚霞诗稿. 南京：东南大学出版社，2014.95.

[150] 中国科学院《中国植物志》编辑委员会编. 中国植物志. 第64卷（第1分册）. 北京：
科学出版社，1979.

[151] 中共江苏省委农村工作部编. 江苏省农业生产合作社经验介绍第2集南京：江苏人民出
版社，1956.

[152] 江苏省农业科学研究所编. 江苏省四级农业科学实验网科研成果选编. 南京：江苏人
民出版社，1976.

[153] 卢家栋，等编著. 旱粮高产栽培技术. 北京：中国农业出版社，1998.

[154] 李兆勇，王兴龙，等. 江苏省淮安市甘薯产业现状及其发展对策. 江苏农业科学，
2007（3）.

[155] 赵为民，等编. 淮阴. 南京：江苏人民出版社，1991.

[156] 张必泰，汤敖荣. 甘薯翻藤减产原因商讨. 中国农业科学，1960（9）.

[157] 方智远等编. 中国蔬菜作物图鉴. 南京：江苏科学技术出版社，2011.

[158] 黄富强，姚怀莲，等. 淮安地区申香芹一号越冬栽培技术研究. 现代农业科技，
2015（22）.

[159] 贾敏如著. 国际传统药物和天然药物. 北京：中国中医药出版社，2006.

[160] 林冠伯编著. 芥菜. 重庆：科学技术文献出版社重庆分社，1990.

[161] 中国科学院《中国植物志》编辑委员会编. 中国植物志. 第33卷北京：科学出版社，
1987.

[162] 万祥牛. 春季腌点儿盖菜当下饭菜. 金陵晚报，2015-4-20.

[163] 中国科学院《中国植物志》编辑委员会编. 中国植物志. 第33(2)卷. 北京：科学出版

社，1979.

[164]［元］王祯. 农书译注（上）. 济南：齐鲁书社，2009.

[165]二毛著. 民国吃家 一个时代的吃相. 上海：上海人民出版社，2014.

[166]［明］李时珍. 本草纲目. 太原：山西科学技术出版社，2014.

[167]秦风古韵著. 餐桌上的植物史. 北京：东方出版社，2009.

[168]中国科学院《中国植物志》编辑委员会编. 中国植物志. 第26卷北京：科学出版社，
       1996.

[169]高坤金，温吉华主编. 绿叶菜安全生产技术指南. 北京：中国农业出版社，2012.

[170]艾铁民著. 中国药用植物志. 第10卷. 北京：北京大学医学出版社，2014.

[171]尚志钧. 本草人生：尚志钧本草论文集. 北京：中国中医药出版社，2010.

[172]戴思兰，等. 菊属系统学及菊花起源的研究进展. 北京林业大学学报，2002：24
       （5/6）.

[173]张丽娜，等. 淮安产菊花脑花精油化学成分及其抗氧化活性. 常州大学学报（自科
       版），2011：23（3）.

[174]胡永林，等编写. 趣闻由来800题. 沈阳：辽宁人民出版社，1987.

[175]中国科学院《中国植物志》编辑委员会编. 中国植物志. 第25卷（2）. 北京：科学
       出版社，1979.

[176]傅婷婷. 菠菜豆腐一起吃，其实挺不错. 淮海晚报，2016-1-15.

[177]［明］李时珍著. 本草纲目. 第3册. 哈尔滨：黑龙江美术出版社，2009.

[178]中国土产出口公司编. 土产资料汇编. 上（内部资料）. 1958.

[179]孙步洲编著. 中国土特产大全. 下. 南京：南京工学院出版社，1986.

[180]傅茂润，茅林春. 黄花菜的保健功效及化学成分研究进展. 食品与发酵工业，
       2006.32（10）.

[181]翟俊乐，等. 黄花菜抗抑郁作用有效成份的筛选. 中国食品添加剂，2015（10）.

［182］中国科学院《中国植物志》编辑委员会编．中国植物志．第 40 卷北京：科学出版社，1994.

［183］中国科学院中国植物志编辑委员会编．中国植物志 第 43 卷第 3 分册北京：科学出版社，1997.

［184］运广荣主编．中国蔬菜实用新技术大全 北方蔬菜卷．北京：北京科学技术出版社，2004.

［185］彭方仁，梁有旺．香椿的生物学特性及开发利用前景．林业科技开发，2005.19（3）.

［186］中国科学院中国植物志编辑委员会编．中国植物志 第 22 卷．北京：科学出版社，1998.

［187］刘立中．江淮息壤．上海三联书店，2014.

［188］［宋］陆游．剑南诗稿．卷七十四．清文渊阁四库全书补配．清文津阁四库全书本 .903.

［189］炎继明编著．中国古典诗歌与中医药文化 2．西安：西安交通大学出版社，2013.

［190］陈武．野菜部落．济南：山东人民出版社，2013.

［191］［清］阮葵生撰．李保民校点．茶余客话．上海：上海古籍出版社，2012.

［192］浦荣曹，邹建丰．蒿茶拓出大市场．江苏农村经济，2002（5）

［193］丁怀伟，等．马齿苋的化学成份和药理活性研究进展．沈阳药科大学学报，2008.25（10）.

［194］张佩元．马齿苋临床应用体会．山西中医，1995（6）.

［195］中国科学院中国植物志编辑委员会编．中国植物志 第 80 卷第 2 分册．北京：科学出版社，1999.

［196］谢沈阳，等．蒲公英的化学成份及其药理作用．天然产物研究与开发，2012.24.

［197］刘娟，等．红蓼的开放利用及研究进展．黑龙江医药，2012.25（4）.

［198］《轻图典》编辑部著．中国的野菜轻图典．南昌：江西科学技术出版社，2012.

［199］俞为洁著. 良渚人的衣食. 杭州：杭州出版社，2013.

［200］［清］陈淏子. 花镜. 修订版. 北京：农业出版社，1962.

［201］苟德麟主编. 洪泽湖志. 北京：方志出版社，2005.

［202］潘吉星著. 天工开物校注及研究. 成都：巴蜀书社，1989.

［203］江苏地方志编纂委员会编. 江苏省志·生物志·植物篇. 南京：凤凰出版社，2005.

［204］周太炎，等. 苏北植物采集与观察简报. 中国植物学杂志，1951(2).

［205］杨景俊编著. 野菜采集与食药养生. 北京：金盾出版社，2014.

［206］［清］顾仲著. 刘筑琴注译. 养小录. 西安：三秦出版社，2005.

［207］朱浩然主编. 中国淡水藻志. 蓝藻门. 藻殖段纲. 北京：科学出版社，2007.

［208］鄢贵龙，纪丽莲，等. 地皮菜营养成分分析与评价. 营养学报，2010（1）.

后 记

本书得以完成和出版，首先得益于笔者 2013 年参加的"淮安市名特优蔬果产品综合利用协同创新工程"项目，在该项目中，笔者负责了子项目"淮安特色蔬菜种质资源调查"（HC201316-3）的工作。正是基于项目开展过程中笔者及课题组同仁们对于淮安市蔬菜资源的调查和研究，才使笔者有机会接触并体验到淮安蔬菜所特有的滋味与文化。如果认真去解读，你会发现，淮安大地上种植的每一种蔬菜，都承载了淮安特有的历史与文化的信息，记载了人类对蔬菜植物的采撷、栽培、选育和品味，也记载了这些蔬菜植物的起源、演化、传播与生长。品味这些色、香、味各具个性的蔬菜，也如同品味一首诗、一曲歌、一个从远古流传过来的美好故事。

本书及相关调查工作的完成，笔者要感谢项目组的同仁罗玉明教授，以及赵利琴、李才生等老师，作为植物分类学的专家，他们在蔬菜的物种定名及分类的工作中发挥了重要作用。特别要感谢淮安市农科院汪国莲副院长、孙玉东研究员、吴传万处长、郭小山副处长和赵建峰副主任等领导与专家，正是他们对"淮安市名特优蔬果产品综合利用协同创新工程"的精心组织和实施，才使整个工作按计划有序地开展和进行。也要感谢淮扬菜美食研究会的高岱明主任和淮安市农业委员会的皮胜利处长，作为项目协同单位的参与人，你们对本书的完成也给予了重要的支持和帮助。淮安区农委农技推广中心的柳巽图主任亲自陪着笔者到淮安区宋集园艺场去进行小五缨大头菜的调研考察，我的研究生王蕾，本科生徐慧、程雪莲等帮助我到乡村收集蔬菜种子、拍摄相关的蔬菜图片，在此一并表示感谢。

感谢罗玉明、汪国莲、孙玉东、徐冉、高军等专家对拙作书稿的审阅，在审稿过程中他们发现了笔者初稿中许多的疏漏之处，并提出了非常好的修改建议。特别是徐冉女士，帮我指出并纠正了书稿中许多不确切的地方，她的许多修改建议和说明被我直接用在文中。

特别要感谢的还有我的师妹吴慧女士，她不仅帮我审稿，为书稿的名称出谋划策，还为此书的出版多方协调与联系。需要感谢的还有中国科学技术出版社的杨虚杰主任与汪晓雅老师，谢谢她们为出版而做的辛勤工作。

最后要感谢的还有我的妻子宗红女士，为了让我对淮安的蔬菜生产和销售有一个全方位的了解，她在项目的开展和此书的写作过程中，愉快地把每天买菜的重要工作交付给我，使我能够时时有机会向卖菜的乡民问一句："您这菜是在哪儿长出来的？""我能到您家的菜园里去看看和拍照吗？"

蒋功成

2016.1